码解Java

让初学者读懂代码的入门书

IT老邪（王冰） 秦世国 著

U0239864

电子工业出版社·

Publishing House of Electronics Industry

北京·BEIJING

内 容 简 介

本书主要通过代码案例帮助读者学习Java基础部分的相关知识，大部分内容都是以代码的形式呈现的，讲解部分也融入到了代码注释中。通过阅读本书，读者可以更轻松、高效地掌握Java的语法结构与编程思维。

本书不仅介绍了Java中的基础语法结构，比如常量、变量、流程控制、数组、方法（函数）、面向对象、封装、继承、多态、抽象、接口、异常等，还介绍了日常开发中常见的一些工具类的相关使用方法。每个知识点都配备了相应的案例，包括具体的使用场景。

本书内容以案例为主，对以实操为出发点的读者会更加友好。笔者认为，可以通过搜索引擎轻松了解的知识，比如Java的概念、理论、历史、定义等相关内容，没有必要在本书中占用过多的篇幅。并且笔者认为，一切没有实操结果支撑的概念、理论都过于抽象，一些专业技术名词更加难以理解。所以在本书中，笔者整理了多个案例，可帮助读者快速地上手Java。

图书在版编目（CIP）数据

码解Java：让初学者读懂代码的入门书 / IT老邪，秦世国著．—北京：电子工业出版社，2023.5

ISBN 978-7-121-45375-5

Ⅰ．①码… Ⅱ．①I… ②秦… Ⅲ．①JAVA语言—程序设计 Ⅳ．①TP312.8

中国国家版本馆CIP数据核字（2023）第070240号

责任编辑：陈晓猛
印　　刷：河北鑫兆源印刷有限公司
装　　订：河北鑫兆源印刷有限公司
出版发行：电子工业出版社
　　　　　北京市海淀区万寿路173信箱　　　　　邮编：100036
开　　本：720×1000　　　1/16　　　　印张：22.25　　　字数：498.4千字
版　　次：2023年5月第1版
印　　次：2023年5月第1次印刷
定　　价：98.00元

凡所购买电子工业出版社图书有缺损问题，请向购买书店调换。若书店售缺，请与本社发行部联系，联系及邮购电话：（010）88254888，88258888。

质量投诉请发邮件至zlts@phei.com.cn，盗版侵权举报请发邮件至dbqq@phei.com.cn。

本书咨询联系方式：（010）51260888-819，faq@phei.com.cn。

前　　言

Java 是目前使用率最高且应用领域最多的编程语言之一，其具有简单性、强语法、面向对象、API 丰富、编译和解释性、分布性、稳健性、安全性、高性能、多线索性、动态性和可移植性等特点。

笔者认为 Java 语言是最适合零基础学习编程的一门编程语言，适合作为你的"编程母语"，未来即使有学习其他编程语言的需求，也可以在具备 Java 语言基础的情况下，很快上手其他编程语言。所谓"进可攻、退可守"。

本书的写作目的

老邪在 IT 教育培训领域从业 16 年，面向众多在校大学生，以及对编程感兴趣的在职人员，普及与推广 Java 语言。

对比众多的编程语言，Java 语言从应用领域、生态及业内使用率上来看，更适合大多数想从事互联网技术岗位的人学习。针对 Java 学习人员有以下几点基本要求。

- 对编程技术有浓厚的学习兴趣与探索精神。

- 对计算机有最基础的认识，能够独立上网，掌握软件安装等基本操作。

- 有固定的时间可以持续学习。

Java 语言是一门强语法类型的主流编程语言，作为一个未来的程序员，你一定要知道，通常一个程序员需要掌握的并不仅仅是一门编程语言，因为有了 Java 的基础之后，未来更有利于你横向学习其他编程语言，这也是业内人士常说的"一门通，门门通"。

另外，Java 语言的生态在众多编程语言中是最好的，拥有 Spring 家族及各大开源社区的加持，成熟、稳定并且完整的解决方案随处可见，可以为你的学习与工作带来方便。这也是老邪选择 Java 作为主力语言的一个重要原因。

阅读本书可以让你轻松愉快地掌握 Java 语言的基础，并且能够对编程技术产生更浓厚的兴趣，激发你的探索精神，在未来自主学习更多的相关技术。也许下一个技术大牛就是你。

本书特点

针对零基础想快速学习编程，并能够上手实现一些小功能的读者，老邪决定亲手编写这样一本入门实战图书。书中的内容以"第一人称"形式描述，也就是在本书中，你会有一个角色，从此刻起，你的名字叫作"小肆"，未来你的角色也会不断地出现在本书中，让你的学习更加有代入感。本书中的内容多数以实操案例为主，关于 Java 语言的历史及其他相关介绍，如果你感兴趣，可以通过互联网进行了解。一切脱离实操、脱离代码输出的理论基础相关内容，都是你前期学习的绊脚石，除会占用你更多的精力外，并不会给你的学习带来任何帮助。很多人在大学里学了四年都没能达到一个入门级别的水平，正是因为学习了太多没有用的所谓基础、理论知识，忽略了实操的重要性。任何技术的学习都需要通过实操产生结果，给学习者带来正向的交互反馈，只有这样才能引发学习者更浓厚的学习兴趣。就像让你学开车一样，先把车子开走才是有用的，而不是在还没摸到车之前就去研究发动机的组成。

在明确了基本的学习思路之后，就要了解正确的学习方法，老邪一直强调的都是"一带三"的学习方法，接下来就具体描述一下这个方法。

所谓"一"指的是，在你接触到一个新知识点的时候一定要先手写一遍，因为任何理解都建立在一定的记忆基础上。前期学习过程中，键盘对于你或许还是一个比较牵扯精力的外设。你在日常的中文打字过程中或许觉得没什么压力，但代码都是英文单词，字母的排列组合与中文区别很大，并且代码中会频繁地使用各种格式符号及运算符。这些都会分散你的注意力。

多数人学习编程都会觉得自己"一学就会，一做就废"，主要原因就是方法不对。写代码的时候千万不要把屏幕一分为二，把老邪的代码放在一侧，自己的代码放在另一侧，然后照着代码去敲，这样的做法根本就不是在写代码，而是在练打字。这就好像给你一篇英文文章，让你用打字软件去输入一遍一样。所以在你使用键盘写代码的时候，屏幕上一定不要出现第二份代码，此时，记忆和理解就变得非常重要。学习的过程原本就是先输入，再输出，你看老邪写了一遍，这就是输入的过程，通过书中的讲解先去记忆和理解一遍，然后落实在笔上，因为手写是你这十几二十年里最熟悉的一种输出方式，你不用考虑某个字母或字符在键盘上的哪个位置，这样你就可以更专注于代码的结构和逻辑。当你手写过一遍之后，对这段代码就有了第二次的理解和记忆。

另外，物理层面的表现力是经常被我们所忽视的。日常我们使用计算机，经常会因为想不起来某个文件被存放在哪里而困扰。相信你也有过这样的情况。这就是电子产品的劣势，虽然它能更快地帮我们完成某些工作。但是却不会给我们留下更深刻的印象。而物理层面的表现力就不同了。你试着回想一下你最近一次拿笔写东西的场景，如果你的记忆力不是很差，我相信你会回想起你是在哪儿写的，写的是什么，你是站着写的还是坐着写的，你还会想起你是使用铅笔、钢笔还是圆珠笔写的，你是写在了纸上还是本子上，你甚至还能想起，你是写在了左上角还是右下角，这就是物理层面的表现力。

现在很多人总是一味地追求效率，要快！但是老邪告诉你，学习编程、学习任何技术都一样，最好的捷径就是不走捷径。你要明确你的目的是要学会，学得扎实，而不是学得快，忘得快。所以，在前期学习的过程中，准备一支笔和一个本。用这么长的篇幅来说明这个"一"，足以证明它的重要程度。

所谓"三"，指的就是用计算机去实操输入三遍，"三遍"不是一个准确的数字，仅仅是一个基础数字。但是这三遍也是有讲究的，我们具体地说明一下。上机输入的第一遍，你可以凭借着之前手写的记忆来完成，最终达到可以成功编译并运行的效果，这样你就又加深了一遍记忆。这时不要急于把代码删掉，因为你还有一个任务，就是把每一行代码都添加上注释（注释就是代码中用来解释代码的文字，不参与源码的编译，只用来给开发者解读程序含义，Java 中单行注释使用 "// 注释内容"的形式，多行注释使用 "/* 注释内容 */"的形式，后面会具体提到），这就相当于你对程序又多了一次理解。此时可以删掉所有代码。

注意，保留刚刚添加的注释内容，第二遍输入的时候，就有了许多中文注释在屏幕上。此时，你的任务就是将所有中文注释都翻译成代码，这就容易多了，目的还是让你对程序再熟悉一遍。这次写完之后，再正常地编译运行并得到运行结果，此时就可以删除所有内容了。在空白的源码文件中再写一次，如果这一次你可以写出来，就说明你对这个程序案例已经理解并且记住了。当然，如果发现还是不行，那么就借助之前手写的那一遍代码来填充代码中不完整的位置。什么时候能独立完成当前的这个案例，就说明这个部分可以跳过，继续往下学习了。所以三次只是一个基础数字，如果不行，那么可能还需要第四次、第五次……总之，要记住并且理解，再继续学习，避免学习中的疑惑越来越多。

以上内容可以让你更好地利用这本书，如果你认可老邪的观点，并且认可以上推荐给你的"一带三"的学习方法，那么接下来我们就开始这个阶段的学习。

本书结构

- **第 1 章**：Java 开发环境的搭建及完成属于你的第一个 Java 程序。

- **第 2 章、第 3 章**：介绍程序代码中最基本的操作单元——常量、变量及运算符的使用。程序 = 数据结构 + 算法。无论是数据结构还是算法，都离不开最基本的常量、变量及运算符。所以，在这里我们要先做好铺垫。

- **第 4 章至第 6 章**：介绍 Java 中的流程控制，其中包括 if、switch、while、do while、for 等语法。流程控制也是所有编程语言中都涵盖的部分。无论是面向过程，还是面向对象的编程语言中都包含这部分内容。这也是基础部分中的重点内容，一定要掌握好。

- **第 7 章**：介绍数组的使用，这是 Java 中的相比于基本数据类型更为复杂的一种数据类型。数组在 Java 开发中使用得并不是很多，但是并不代表它不重要，后续我们可能更多使用集合来取代数组。但是我们要知道集合的底层实现也使用了数组这部分知识，所以我们有必要很好地掌握数组。而且在其他面向过程的编程语言中，数组的使用频率是非常高的，比如我们熟悉的 C 语言。在实现各种复杂的数据结构和算法的过程中，都有数组的参与。

- **第 8 章**：介绍 Java 中的方法（也可以称之为"函数"），通过这部分的学习，我们可以将代码进行模块化的拆分，也可以更好地实现代码的复用。

- **第 9 章至第 13 章**：介绍 Java 的面向对象，包括封装、继承、多态、接口、内部类等相关知识点，这部分内容也是 Java 语言的精髓所在。

- **第 14 章至第 24 章**：介绍 Java 中的 Lambda、Stream 流，以及常用 API 的使用，包括字符串、日期操作、文件、集合、多线程、I/O 流、异常、反射等，这部分内容建议读者按照章节顺序依次学习。

表达约定

本书中出现的内容可能在整体的上下文表述中存在不同的表达形式，如下所示。

- **方法**：在 Java 中能够实现具体功能的独立语句块被称为"方法"，属于一个专属的技术名词，但是在其他位置也会出现这个词的原本含义，比如"方法"就表示"方式"。另外，在程序员的口中，方法也被称为"函数"，比如在面向过程的编程语言中会将"方法"称为"函数"，在面向对象的编程语言中才会将"函数"称为"方法"。无论怎么称呼这个语句块，我们知道实际上这指的是同一个东西就可以了。

- **复制**：如果在文中出现"拷贝""Copy""克隆"，实际上指的都是"复制"。

- **程序**：程序等于数据结构＋算法，但是在本书中，很多时候提到的"代码"，实际上指的也是程序。

本书相关资源

本书配套源码及其他资源请扫描封底二维码获取。

IT 老邪

目　　录

第 1 章
/
小肆的第一个 Java 程序

1.1　Java 开发工具

1.1.1　编码工具

日常代码编写可以直接通过操作系统自带的记事本来完成，当然还有更好的多功能记事本供我们选择，比如以下几种工具就是程序员常用的代码编辑工具，其特点是占用操作系统资源少，打开速度快，可以快速地浏览和编辑代码。

- Notepad++（推荐）。
- EditPlus（收费）。
- Sublime（收费）。

1.1.2　IDE 集成开发工具

★ NetBeans

NetBeans 是过去十几年中最接地气的 IDE，同时支持多种操作系统平台，重要的是可以免费使用它，但随着软件行业的发展，现在出现了更多好用的 IDE，NetBeans 也逐渐淡出了程序员的视线。

★ Eclipse

Eclipse 是最受开发者喜爱的一款 IDE，尤其受到广大高校学生的青睐，多数大学生在校接触到的第一款编译器就是 Eclipse，Eclipse 也是一款开源工具，拥有强大的开发者社区，其中包括很多功能丰富的插件。除了 Java，Eclipse 还支持 PHP 和 C++ 语言的开发。后续 Eclipse 还衍生出了 MyEclipse 等广受开发者青睐的产品。

★ IntelliJ IDEA（推荐）

IntelliJ IDEA 是 Jetbrains 公司出品的一个非开源的 Java IDE，默认的界面风格有深色和浅色两个系列。深色系适合经常在夜间工作的开发者，深色系的界面风格更接近于程序员平时操作的命令行。另外，JetBrains 公司出品的 IDE 的界面风格和使用方面基本类似，对有多语言开发环境需求的开发者更加友好，降低了环境切换的学习成本。多数开发者的计算机中都安装了不止一个 JetBrains 产品，甚至直接安装了"全家桶"。目前 IntelliJ IDEA 有两个版本，分别是免费的社区版本和需要付费授权的版本。其针对在校大学生也是比较友好的，使用教育邮箱可以免费获得使用授权。

1.2 环境搭建

1.2.1 JVM、JRE、JDK 介绍

- JVM（Java Virtual Machine）：Java 虚拟机。

- JRE（Java Runtime Environment）：Java 运行环境。

- JDK（Java Development Kit）：Java 集成开发环境。

1.2.2 JDK 的下载与安装

JDK 是 Java 开发时必需的开发组件，所以必须先将 JDK 安装在自己的计算机中，才能快乐地学习和编写 Java 程序。

对于不同的系统，Java 开发环境的搭建方法有所不同，这里只针对开发环境中要做的事情做出相应的描述，具体的实现方法可以通过互联网寻求帮助。

JDK 下载地址为链接 1。

下载地址中提供了各种 JDK 版本，目前市面上应用的主流版本为 Java SE 8，这并非是老邪本人推荐的，而是根据市场环境的占有率推荐的。在 Java 程序员中流传着这样一句话："你发任你发，我用 Java 8"。虽然 JDK 版本的更新迭代速度很快，但是作为程序员而言，需要的是稳定可靠。在后期迭代版本没有出现质的飞跃时，通常都会保守地

使用目前最稳定、最可靠、覆盖面最广的版本。后续迭代版本中大部分用法类似，只在部分位置增加了一些新特性，学习成本也不高。后续在实际开发工作中，如果需要调整版本，则可根据需求选择指定的版本。

1. 安装步骤

第一步：将下载好的 JDK 安装到你能找到的位置。

不同操作系统的安装方式不同：

- 在 Windows 中直接双击安装程序即可，在安装过程中留意安装路径的设置，记住安装路径，后续配置环境变量的时候会用到这个安装路径。

- 在 Mac 中下载的 JDK 是一个 `.dmg` 格式的镜像文件，需要先加载镜像文件再进行安装。

- 在 Linux 中，可以下载 `rpm` 格式或者 `.tar.gz` 格式的安装包，如果你会使用 Linux 操作系统，相信安装这个软件也难不倒你。

第二步：配置环境变量。

不同的操作系统对于环境变量的配置也有所不同，根据 JDK 的实际安装位置进行配置即可。

- 环境变量是什么

  在计算机中，任何程序实际上都是通过系统命令的形式打开的，虽然我们可以通过直接双击鼠标的形式打开程序，实际上在这个双击动作的背后，系统帮助我们执行了相应的命令。一般情况下，一个软件在安装之后，会自动设置或者将可执行文件添加到系统默认的某个 `Path` 变量中，`Path` 变量的作用就是找到相关的可执行程序，并且运行程序。如果要运行的程序路径不在这个 `Path` 变量中，则系统无法找到要执行的程序，此时系统会告诉我们要执行的不是内部命令，或者出现找不到应用程序之类的提示。所以我们需要将 JDK 安装路径中 `java.exe` 所在的目录添加到系统的 `Path` 变量中。

  安装新版本的 JDK 不需要手动配置环境变量，因为在安装的过程中环境变量已经自动设置好了，但是作为专业的开发者，很多时候需要切换 JDK 版本，所以了解如何配置环境变量也是很有必要的。

- Windows 中 Path 变量的设置

  在桌面的"此电脑"图标上单击鼠标右键 → 属性 → 高级系统设置 → 高级 → 环

境变量 → 系统变量 → 找到并设置 `Path` 变量。

- Linux 中 Path 变量的设置

  直接在当前用户家目录中的 `~/.bashrc` 或 `/etc/profile` 下追加路径到 `Path` 变量中即可。

  添加如下配置：

  export `PATH=$PATH`:Java 所在目录

- macOS 中 Path 变量的设置

  macOS 中 Path 变量的设置与 Linux 类似，不过 macOS 中默认使用的并不是 bash 而是 zsh，所以要通过当前用户的家目录中的 `.zshrc` 进行配置，具体的配置方法参考 Linux 中的配置方法即可。

第三步：编写测试代码 Hello.java。

在任意位置创建一个 Hello.java 文件，注意文件扩展名一定是 .java，查看系统文件夹选项设置中的"隐藏已知文件扩展名"是否被勾选，如果被勾选，那么一定要将其取消，这样才能显示文件的真实扩展名。如果是 Linux 或者 macOS 系统，则默认显示可见扩展名，可以直接创建源码文件。

源码文件创建好之后，可以用任何你喜欢的文本编辑工具，比如记事本，或者其他多功能记事本，如 Notepad++、Sumline、EditPlus、VSCode 等开发者编辑工具编写代码。当然除了编写代码，还可以通过一些功能配置快捷地编译和运行相关的源码程序，这类工具支持代码语法加亮，对程序员更友好。

当然笔者更推荐使用 IDE 进行开发，因为集成开发环境可以更高效地完成代码的编写。所谓"工欲善其事，必先利其器"，老邪推荐的开发工具是 JetBrains 公司出品的 IntelliJ IDEA，本书中的所有源码也都是通过这个开发工具编写的。

```java
// 定义一个公有的类，类名必须和文件名相同，类名以大写字母开头
public class Hello{
    // 定义一个 main 方法（又叫主方法），是程序的入口，相当于一间屋子的大门。一个程
    // 序中有且只有一个主方法
    public static void main(String[] args){
        // 在控制台输出一串文字，双引号中的内容就是要输出的文字内容
        System.out.println("Hello 小肆 !~");
    }
}
```

第四步：在 cmd 命令行（或者 Linux、macOS 的 Shell 控制台）中，进入代码所在目录，通过以下命令编译并运行代码。

- 编译命令——javac Hello.java。

- 运行命令——java Hello。

1.2.3 IntelliJ IDEA 的安装与使用

下载地址为链接 2。

安装：不同操作系统的安装方式不同，需要根据系统要求下载对应的版本。

- Windows：直接双击安装 .exe 文件，可以根据具体的个性化需求进行微调。

- macOS：下载 .dmg 格式镜像包，直接在镜像包里拖拽进行安装即可。

- Linux：下载对应的 .tar.gz 格式安装包，在 Linux 系统中解压缩进行安装。

启动安装好的 IDEA，单击 New Project 新建一个项目。

选择创建空项目，并设置项目名称，同时选择项目存放路径，设置后单击 Create，如下图所示。

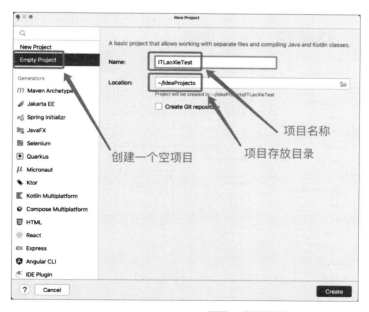

在项目目录中使用鼠标右键单击项目，选择 New → Module，如下图所示。

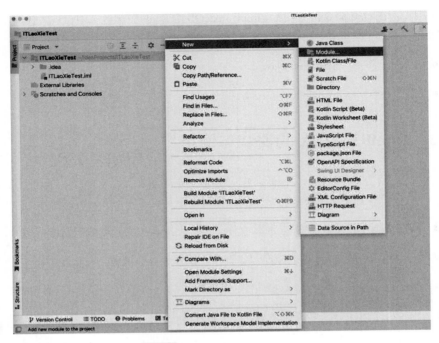

设置并创建模块之后单击 Crete，如下图所示。

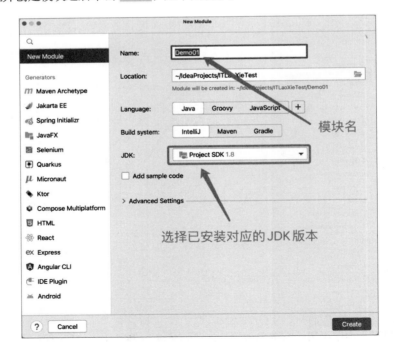

模块创建成功后目录结构如下图所示。

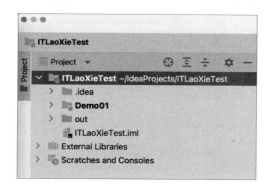

在 `Demo01` 模块中的 `src` 目录上单击鼠标右键新建 `.java` 源代码，如下图所示。

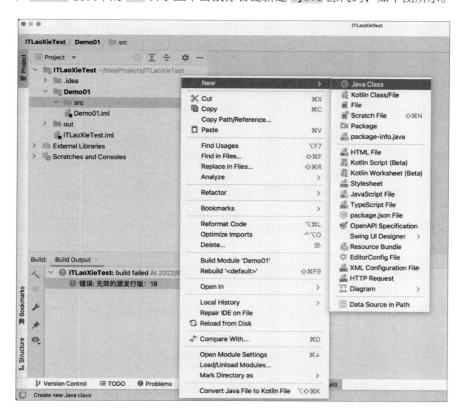

设置类名（Java 源码的文件名），如下图所示。

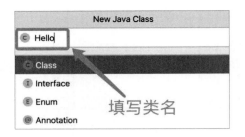

输入类名后直接按回车键确认，进入代码编辑页面，代码中会默认生成一个根据刚刚输入的类名创建的类，类的语句块中默认没有内容，如下图所示。

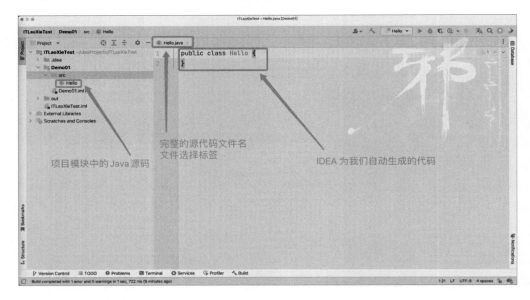

直接在源码中添加代码完成我们的第一个程序。

尝试在代码新建的第一行（也就是代码的第二行）中输入 psvm，然后按下 Enter 或者 Tab 键，等待自动生成主方法代码。这就是 IDEA 用快捷指令帮我们完成代码编写的基本操作。主方法代码如下图所示。

在 `main()`（主）方法中编写输出语句。

在代码的第三行中输入 `sout`，然后按下 **Tab** 键，IDEA 会自动生成输出语句，之后只需要在生成好的代码中填写想要输出的文字即可，如下图所示。

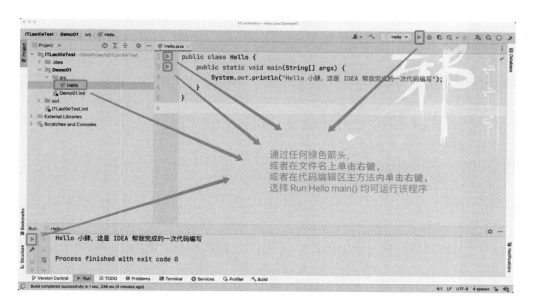

通过页面中的三角形按钮可以编译并运行当前的代码，如下图所示。

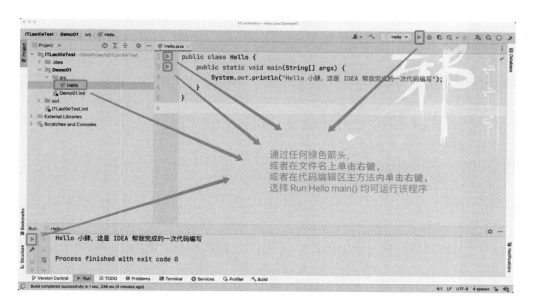

注意：如果运行代码时提示 Java 版本不相符，则需检查以下配置，如下面两个图所示（截图使用的是 macOS 系统版本下的 IDEA）。在 Windows 系统中选项位置稍有不同，但选项名称相同，查看配置的同时需确保版本号一致。

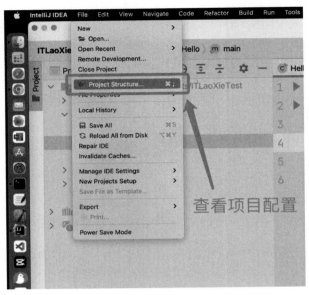

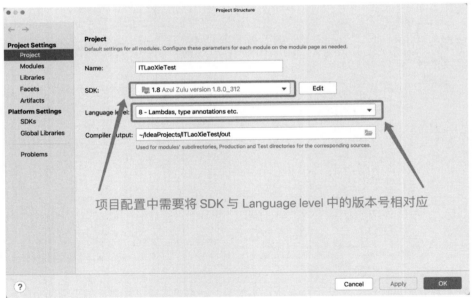

注：关于 Java 开发环境的配置，互联网上有很多详细的操作步骤，读者在学习编程的过程中需要同步培养通过搜索引擎寻求解决方案的能力。本章介绍了在环境搭建过程中需要操作的步骤和过程，具体操作还需要根据个人的计算机情况，包括操作系统、软件安装位置等，结合互联网寻求详细的解决方案。从下一章起，我们就要开始快乐地编写代码了。

第 2 章
/
常量与变量

2.1 常量

常量就是不可变的量，在程序中通常就是一个值，比如元旦是 1 月 1 日，那么 1 月 1 日就是一个常量，是一个具体的日期，这是不可变的。元旦可以用来描述这个特殊的日期，你可以把元旦理解成 1 月 1 日的另外一个名字。也就是说，不管是 1 月 1 日，还是元旦，我们都可以快速地锁定这一天，这就是我们生活中的常量。在程序中也需要这样的值存在。一个具体的数字、字符、字符串都可以是常量，它是一个带有特殊含义的值，未来会被我们应用在程序的某个位置。不同的值，会拥有不同的属性。在程序中，常量也拥有不同的分类，不同数据类型的分类等。接下来，我们就一一了解一下。

- 整型：整数数值类型（520/1314/123/−9527…）

  整型就是整数类型的值，包括正整数、负整数及 0。

- 浮点型：小数数值类型（3.14f/6.28/1E14/314E-2…）

  浮点型就是带有小数的数值类型，其中包括单精度浮点型和双精度浮点型，在取值范围和表现形式上稍有区别。双精度浮点型的取值范围更大、更精确，单精度浮点型相对要小一些。从表现形式上区分，单精度浮点型常量在数值后面需要添加字母 f。例如，3.14f 就是单精度浮点型的表示形式，3.14 这种不带有字母 f 的表现形式就是双精度浮点型，虽然从数值上看起来类似，但却是不同的表现形式。Java 是强语法、强类型的编程语言，因此，未来在为对应数据类型进行赋值操作的时候，需要注意不同类型的区别。另外，浮点数还支持指数表示法，比如 1E14 表示的是 1 乘以 10 的 14 次幂，那么 314E-2 表示的就是 314 乘以 10 的 -2 次幂，以此类推。

● 字符型：单个字符类型（'a' / 'x' / 'G' / '8' / '$' … ）

字符型就是我们平时使用的各种字符、字母、数字，以及各种标点符号。我们在 Java 中表示字符的时候，需要通过一对单引号将其括起来，字符在计算机中具体的表现是通过字符编码实现的。系统通过对应的字符编码会将具体的编码解析成对应的字符反馈给用户。后面章节中会详细介绍。

● 字符串型：多个字符集合类型（ "ice_wan" / "MrXie" / "Mr. 邪 " … ）

字符串就是多个字符的集合，多个字符组成的串，我们称之为字符串，在 Java 中表示字符串的时候，我们需要使用一对双引号将其括起来。注意字符串与单个字符的区分——单个字符使用单引号，而字符串使用双引号，即使双引号里面只有一个字符，其表示的也是一个字符串，只不过字符串中的有效字符只有一个而已。

● 布尔类型：真或假（true/false）

布尔类型通常是指一种逻辑关系，真（true）表示的含义就是某个逻辑关系是成立的。比如 1<2 是成立的，其对应的布尔类型值就是真（true），相反，1>2 是不成立的，其对应的比尔类型值就是假（false）。

● 空类型：NULL 类型（null）

在 Java 中有一种比较特殊的常量值叫作空类型，通常用于引用数据类型的初始化。

2.2 数据类型的分类

不同的数据拥有不同的数据类型，在编程开发过程中，不同类型的数据会起到不同的作用，不同的数据类型所占用的内存空间也是不同的。下面，我们就来认识一下 Java 中的一些基本的数据类型。

2.2.1 基本数据类型

- 整数型（见下表）

类型名	关键字	内存占用
小整型	byte	1 字节，8 个二进制位
短整型	short	2 字节，16 个二进制位
整型	int	4 字节，32 个二进制位
长整型	long	8 字节，64 个二进制位

- 浮点型（见下表）

类型名	关键字	内存占用
单精度浮点型	float	4 字节
双精度浮点型	double	8 字节

- 字符型（见下表）

类型名	关键字	内存占用
字符型	char	2 字节

- 布尔型（见下表）

类型名	关键字	内存占用
布尔型	boolean	1 字节

2.2.2 引用数据类型

具体说明如下表所示。

类型名	关键字	类型描述
字符串	String	用于存放字符串
数组	Array	用于存储相同数据类型变量的集合
类	class	在面向对象章节中会具体讲解
接口	interface	在面向对象章节中会具体讲解
Lambda	Lambda	常应用于函数式接口，在 Lambda 相关章节中会具体讲解

2.3 变量

从字面上理解，其含义就是可以变的量。可以把变量理解成生活中的容器，容器中的内容是可以变化的。比如，一个瓶子里面可以装水，也可以装油；一个箱子里面可以装衣服，也可以装鞋子。那么这个容器就是变量，里面装的东西就是值。这个值可以是常量，也可以是变量。也就是说，可以用一个变量存储另外一个变量的值。

在 Java 中，在我们想要使用变量之前，需要先定义一个变量，也就是需要向内存申请一块存储空间，目的是存储某些值。这些值在未来程序运行的某个时间节点可能会发生变化。我们在定义变量的时候需要告诉系统，申请的是什么类型的变量，即告诉系统我们要申请多少字节的存储空间来存储什么值。比如，你要去买菜，那么你需要一个装菜的大袋子。你要装文具，那么一个小巧精美的笔袋就够了。定义变量也是这个目的。

2.3.1 变量的定义

在定义变量的时候需要遵守 Java 中的语法规则。比如，变量名（标识符的命名）也是有规则的，参考如下。

● 标识符命名规则

（1）只能由字母、数字、下划线、$ 符组成。

（2）不能由数字开头。

（3）不可以使用系统关键字，如 `class`、`interface` 等。

（4）见名知意，动宾结合，如 openDoor（小骆驼法，常用于变量或方法名）、StudentScore（大骆驼法，常用于类名）。

（5）切忌中英混输，如 openDoor（可取）/openMen（不可取）。

● 取值范围

具体说明如下表所示。

数据类型	字节	二进制位数	范围	规律
byte	1	8	−128 ~ 127	−2⁷ ~ 2⁷-1
short	2	16	−32768 ~ 32767	−2¹⁵ ~ 2¹⁵-1
int	4	32	−2147483648 ~ 2147483647	−2³¹ ~ 2³¹-1
long	8	64	−9223372036854775808 ~ 9223372036854775807	−2⁶³ ~ 2⁶³-1

续表

数据类型	字节	二进制位数	范围	规律
float	4	32	1.4E-45 ～ 3.4028235E38	--
double	8	64	4.9E-324 ～ 1.7976931348623157E308	--
char	2	16	0 ～ 65535	0 ～ 216-1
boolean	1	8	true 或 false	true 或 false

- 代码示例

```
int number;
// 定义变量的时候不对其进行赋值初始化
// 此时整型变量 number 被定义了
// 变量名为 number，但是并没有初始值
// 在 Java 中没有值的变量是不允许被直接访问的
// 所以建议在定义变量的时候，为其设置初始值
// 当然，也可以在定义之后为其设置初始值
number = 9527;
// 表示为变量 number 设置一个值（9527）
System.out.println(number);
// 通过控制台输出语句输出 number 中存储的值


// ====================================

float pi =3.14f;
// 在定义变量时，直接为其赋值初始化
// 此时，单精度浮点型变量 pi 被定义了
// 变量名为 pi
// 并且将常量 3.14f 的值存放到 pi 变量中
// 注意，因为 pi 被定义为 float 类型
// 所以，在为其赋值的时候，需要使用单精度浮点类型常量的表现形式
// 需要在具体的数值后面添加字符 f
// 如果不添加，则会报错，运行时会提示有精度上的损失
System.out.println(pi);
// 通过控制台输出语句输出 pi 中存储的值
```

2.3.2　变量的输出

```
System.out.println( 变量名 ); // 自带换行
System.out.print( 变量名 );   // 不带换行
System.out.printf(" 格式 ", ... 参数 ); // 格式化输出
```

变量输出的示例代码如下。

```java
public class PrintTest {
    public static void main(String[] args) {
        int month = 10;
        int day = 24;

        // 使用 print 方法, 不换行
        // 其中加号表示将字符串拼接在一起
        System.out.print(month + " 月 " + day + " 日是程序员节！ ");

        // println 方法, 自动换行
        System.out.println(" 这句话会紧跟在上面的输出语句之后, 但是输出之后会换行 ");

        // 在子字符串输出时, 可以使用 \n 表示转义符换行
        System.out.print(month + " 月 " + day + " 日是程序员节 \n");

        // 即使不使用 println, 下一句话也会另起一行重新输出
        System.out.println(" 这句话会另起一行输出, 因为上面的输出语句结尾使用了转义符
换行 ");

        // printf 表示格式化输入, 会根据第一个参数双引号中的格式进行输出
        System.out.printf("%d 月 %d 日是程序员 \n", month, day);
        // 注意, 对应的输出格式中月份和日期的左右都会有空格
        // 因为这是严格按照格式化字符串中的格式进行输出的
        // 其中 %d 是格式化字符串中的占位符, 用于为整数类型值占位
        // 其中第一个 %d 是为双引号外面的第一个变量占位的, 第二个 %d 则是为第二个变量占位的
        // 如果在双引号的格式化字符串中存在多个占位符, 则按照占位符的顺序, 从左到右依次为双
        // 引号后面的值占位
        // 被占位的具体的值（双引号外面的值）, 可以是常量、变量或表达式
        // 不同数据类型需要采用不同的占位符, 比如字符占位采用 %c, 浮点数占位采用 %f, 字符串
        // 占位采用 %s 等
    }
}
```

运行效果如下图所示。

> **注意**：通过源代码对比运行效果，得到自己的总结。在后续章节中，也需要采用同样的对比方法进行程序分析。

2.3.3　使用变量的注意事项

- 变量的作用域：语句块内有效

  在 Java 代码中，我们把用一对花括号 **{　语句块　}** 括起来的部分称为语句块。如果变量定义在语句块内，就只能在语句块内对其进行访问。如果超出语句块范围，则超出了变量的生存期和作用域。语句块在程序中存在包含关系。在后续章节中会具体描述相关内容。

- 变量的初始化：变量必须初始化后再使用

2.3.4　数据类型转换

下面提到的大、小指的是变量取值范围与其精度大小。

- 隐式类型转换（自动类型转换）：小转大（不丢精度）

  ○ 以下类型之间的转换不丢精度。
    也就是说，把一小杯水倒进一个大盆里，水是不会溢出这个大盆的，水不会因为容器装不下而溢出（丢失），数据类型转换也是同理。

    « byte 转 short。
    « short 转 int。
    « int 转 long。
    « int 转 float。
    « float 转 double。
    ......

  ○ 代码示例

```java
public class TypeConversion01 {
    public static void main(String[] args) {
        byte bNum = 12;
        short sNum = 22;
        int iNum = 32;
        long lNum = 42;
        float fNum = 3.14f;
```

```java
        double dNum = 6.28;

        System.out.println(" 重新赋值之前的原始值为：");
        System.out.println("dNum = " + dNum);
        System.out.println("fNum = " + fNum);
        System.out.println("lNum = " + lNum);
        System.out.println("iNum = " + iNum);
        System.out.println("sNum = " + sNum);
        System.out.println("bNum = " + bNum);

        // 等号用于赋值，就是将等号右边的值存储到左边的变量中
        // 以下表示连续复制，也就是将 bNum 中的值存储到 sNum 中
        // 再将 sNum 中当前的值存储到 iNum 中，以此类推一直到 dNum
        dNum = fNum = lNum = iNum = sNum = bNum;

        System.out.println(" 赋值之后的新值为：");
        System.out.println("dNum = " + dNum);
        System.out.println("fNum = " + fNum);
        System.out.println("lNum = " + lNum);
        System.out.println("iNum = " + iNum);
        System.out.println("sNum = " + sNum);
        System.out.println("bNum = " + bNum);
    }
}
```

运行结果如下图所示。

```
Run:    TypeConversion01
    /Library/Java/JavaVirtualMachines/zulu-8.jdk/Contents/Home/bin/java ...
    重新赋值之前的原始值为：
    dNum = 6.28
    fNum = 3.14
    lNum = 42
    iNum = 32
    sNum = 22
    bNum = 12
    赋值之后的新值为：
    dNum = 12.0
    fNum = 12.0
    lNum = 12
    iNum = 12
    sNum = 12
    bNum = 12

    Process finished with exit code 0
```

注意：此示例中出现了不同变量之间的赋值，程序并不会因此而报错。因为在这

个程序中发生了自动类型转换。在小转大的情况下，不会出现精度丢失的问题。所以，程序可以顺利地通过编译运行。

- 显示类型转换（强制类型转换）：大转小（可能丢精度）

将一大盆水倒入一个小杯子里，显然是装不下的。因为水会溢出，也就是说，会丢失一部分水，数据转换也是同理。

- ○ 代码示例

```java
public class TypeConversion02 {
    public static void main(String[] args) {
        // 定义浮点类型变量 fNum
        float fNum = 3.14f;
        // 定义整型变量 iNum，并对其进行直接初始化
        // 用 fNum 的值对 iNum 进行初始化
        // 由于数据类型不统一，而且属于大转小的行为
        // float 的精度要大于 int 类型，不构成自动转换的条件
        // 所以，不允许直接赋值，需要使用强制类型转换
        // 语法结构是（数据类型）常量或者变量
        int iNum = (int)fNum; // 使用强制类型将 fNum 转换为 int 类型

        // 直接输出 fNum 的值
        System.out.println("fNum = " + fNum);

        // 输出 iNum 的值，发现赋值操作成功了，但是丢掉了小数点后面的值
        // 这说明丢失了精度
        System.out.println("iNum = " + iNum);
    }
}
```

运行结果如下图所示。

```
Run:    TypeConversion02
    /Library/Java/JavaVirtualMachines/zulu-8.jdk/Contents/Home/bin/java ...
    fNum = 3.14
    iNum = 3

    Process finished with exit code 0
```

2.4 本章思考

如何将两个变量的值进行交换？示例如下。

```java
public class ValueExchange {
    public static void main(String[] args){
        int a = 5;
        int b = 6;
        int tmp = 0;

        System.out.println(" 交换前: ");
        System.out.println("a = " + a);
        System.out.println("b = " + b);

        System.out.println("========================");

        tmp = a; // 将 a 的值保存到一个临时变量中
        a = b;    // 将 b 的值保存到 a 中, 相当于覆盖了原来 a 中的值
        b = tmp; // 将 tmp (原来 a 中的值) 保存到 b 中, 覆盖了 b 中的值

        System.out.println(" 交换后: ");
        System.out.println("a = " + a);
        System.out.println("b = " + b);
    }
}
```

第 3 章
/
运算符

在编程语言中，运算符的使用是最基本的常规操作。运算符可以针对常量、变量、表达式甚至方法调用（返回值）进行运算。

读者可以根据下面案例中代码的运行结果，对应每行代码进行分析对比。

3.1 运算符的分类

3.1.1 算术运算符

算术运算实际上指的就是我们上小学之前就接触过的基础运算，也是在我们日常开发过程中使用最频繁的运算操作，其中包含 5 个运算符：+、-、*、/、%，分别代表求和、求差、求乘积、求商、求余数，示例代码如下。

```java
public static void main(String[] args) {
    // 用 + 号计算 9 与 2 相加的结果
    System.out.println(9 + 2);  // 输出结果为 11

    // 用 - 号计算 9 与 2 相减的结果
    System.out.println(9 - 2);  // 输出结果为 7

    // 用 * 号计算 9 与 2 相乘的结果
    System.out.println(9 * 2);  // 输出结果为 18

    // 用 / 号计算 9 与 2 相除的结果
    // 注意：在整型除法运算中相除得到的结果只保留整数位，即求的是整数类型的商，不包括小数或
    // 者余数
```

```java
System.out.println(9 / 2);   // 输出结果为 4

// 用 % 号计算 9 与 2 相除之后得到的余数
// 注意：取余运算只用于求余数，所以在使用取余运算的时候要尽量保证运算符两端为整数
// 虽然在 Java 的语法中允许取余运算符两端使用浮点数类型，但是并无实际意义，所以尽
// 量使用整数
System.out.println(9 % 2);   // 输出结果为 1
}
```

3.1.2　逻辑运算符

逻辑运算符主要用于处理逻辑关系。比如，当 A 条件成立且需要 B 条件也成立的时候，要做某一件事情，需要使用逻辑运算符来处理。逻辑运算符运算的结果是布尔类型的值，也就是 true 或者 false。true 表示真，也就是条件成立；false 表示假，也就是条件不成立。后面当我们学习到流程控制中的选择结构的时候，会重点应用这部分内容。

```java
public static void main(String[] args) {
    // && 表示逻辑与，比如 A && B
    // 当 A 和 B 表达式的值都为 true 的时候，整个表达式的值为 true，否则为 false
    System.out.println(true && true);    // 输出结果为 true
    System.out.println(false && true);   // 输出结果为 false
    System.out.println(true && false);   // 输出结果为 false
    System.out.println(false && false);  // 输出结果为 false

    System.out.println(" 分割线 ===========================");

    // || 表示逻辑或，比如，A||B
    // 当 A 和 B 中任意一个表达式的值为 true 的时候，整个表达式的值为 true，否则为 false
    System.out.println(true || true);    // 输出结果为 true
    System.out.println(false || true);   // 输出结果为 true
    System.out.println(true || false);   // 输出结果为 true
    System.out.println(false || false);  // 输出结果为 false

    System.out.println(" 分割线 ===========================");

    // ! 表示逻辑非，比如 !A
    // 当 A 的值为 true 时，整个表达式的值为 false，当 A 的值为 false 时，整个表达式的
    // 值为 true
    System.out.println(!true);           // 输出结果为 false
    System.out.println(!false);          // 输出结果为 true
}
```

3.1.3 关系运算符

关系运算符主要用于比较两个表达式或者两个值之间的关系。也有人把它们叫作比较运算符，比如 >、< ……

这应该都是我们上学时就已经掌握的知识，不过在这里也做个演示，毕竟放到代码里面，表现形式上还是有一些区别的。

```java
public static void main(String[] args) {
    // > 表示大于，例如 A>B
    // 当 A 的值大于 B 的时候，表达式的值为 true，否则为 false
    System.out.println(5 > 3);        // 输出结果为 true
    System.out.println(3 > 5);        // 输出结果为 false

    System.out.println(" 分割线 ===========================");

    // < 表示小于，例如 A<B
    // 当 A 的值小于 B 的时候，表达式的值为 true，否则为 false
    System.out.println(5 < 3);        // 输出结果为 false
    System.out.println(3 < 5);        // 输出结果为 true

    System.out.println(" 分割线 ===========================");

    // >= 表示大于或者等于，例如 A>=B
    // 当 A 的值大于或者等于 B 的时候，表达式的值为 true，否则为 false
    System.out.println(5 >= 3);        // 输出结果为 true
    System.out.println(5 >= 5);        // 输出结果为 true
    System.out.println(3 >= 5);        // 输出结果为 false

    System.out.println(" 分割线 ===========================");

    // <= 表示小于或者等于，例如 A<=B
    // 当 A 的值小于或者等于 B 的时候，表达式的值为 true，否则为 false
    System.out.println(5 <= 3);        // 输出结果为 false
    System.out.println(5 <= 5);        // 输出结果为 true
    System.out.println(3 <= 5);        // 输出结果为 true

    System.out.println(" 分割线 ===========================");

    // == 表示等于，例如 A==B
    // 当 A 的值与 B 的值相等的时候，表达式的值为 true，否则为 false
    System.out.println(5 == 3);        // 输出结果为 false
    System.out.println(5 == 5);        // 输出结果为 true
```

```
System.out.println(" 分割线 =========================");

// != 表示不等于，例如 A!=B
// 当 A 的值与 B 的值不相等的时候，表达式的值为 true，否则为 false
System.out.println(5 != 3);       // 输出结果为 true
System.out.println(5 != 5);       // 输出结果为 false
}
```

3.1.4　三元运算符

所谓三元运算符，就是需要三个操作数，也有人称之为"问号、冒号表达式"，它的格式相对比较特殊，比如 A ? B : c。

具体使用方法见以下代码。

```java
public static void main(String[] args) {
    int a = 5;  // 定义一个整型变量a，并将其赋值为5
    int b = 6;  // 定义一个整型变量b，并将其赋值为6
    int max;    // 定义一个整型变量max，不对其进行初始化，用于存储a和b中的最大值
    // 三元运算符：A ? B : C
    // 当表达式A的值为 true 的时候，执行B语句；当A的值为 false 的时候，执行C语句
    /*   max 用于存储最大值，所以表达式A用于比较a和b的大小
                当a>b的时候，也就是问号前面的表达式的值为 true
                那么就将问号后面的表达式的值，也就是a的值赋值给max
                否则就将冒号后面的表达式的值，也就是b的值赋值给max
           */
    max = a > b ? a : b;

    // 输出结果为a和b中大的那个数值，也就是6
    System.out.println("max = " + max); // 输出结果为6
}
```

可以在代码中调整变量 a 或者 b 的初始值来测试程序的运行效果，从中得到自己的总结。

3.1.5　位运算符

位运算符是针对二进制位进行的运算操作，在计算机中任何数据的存储实际上都是二进制存储，因为计算机只认识 1 和 0，只是通过不同的软件打开了不同格式的文件，使用了不同的解析方式，才让我们得到了文章、图片、音频、视频等不同的展现形式。

位运算多用于底层开发，在应用层开发及使用的并不多，了解即可。

> **注：**关于进制转换的相关内容，在此不做相关介绍，如不了解，可通过网络寻求帮助。

```java
public static void main(String[] args) {
    // & 表示按位与，同 1 为 1，否则为 0
    /*
        5 对应的二进制值为 101，6 对应的二进制值为 110，对其进位按位运算，并将其列竖式为：
                1 0 1
            &   1 1 0
            ---------
                1 0 0
        竖式中对应位上都是 1，则计算结果为 1，否则为 0，与逻辑与的运算方法类似
    */
    System.out.println("5 & 6 = " + (5 & 6)); // 输出结果为 4

    // =================================================================

    // | 表示按位或，有 1 则为 1，无 1 为 0
    /*
        5 对应的二进制值为 101，6 对应的二进制值为 110，对其进位按位运算，将其列竖式为：
                1 0 1
            |   1 1 0
            ---------
                1 1 1
        竖式中对应位上有 1，则计算结果为 1，没有则为 0，与逻辑或的运算方法类似
    */
    System.out.println("5 | 6 = " + (5 | 6)); // 输出结果为 7

    // =================================================================

    // ^ 表示按位异或，相同为 0，不同为 1
    /*
        5 对应的二进制值为 101，6 对应的二进制值为 110，对其进位按位运算，并将其列竖式为：
                1 0 1
            ^   1 1 0
            ---------
                0 1 1
        竖式中对应位上相同，则计算结果为 0，不相同则为 1
    */
    System.out.println("5 ^ 6 = " + (5 ^ 6)); // 输出结果为 3

    // =================================================================

    // ~ 表示按位取反，将二进制数对应位上的 1 变成 0，0 变成 1
    /*
```

```
        如果 5 对应的二进制数为 101，那么对应的转换结果为 010
        注意：因为 int 类型占用 4 字节的存储空间，每个字节占用 8 个二进制位，所以整个数据是
由 32 个二进制位组成的，那么 5 对应的二进制数实际上是 00000000000000000000000000000101。
最高位（最左边的一位）是 0 时表示正数，是 1 时表示负数。5 对应按位取反的结果实际上并不是只有三位，
而是要针对 32 个二进制位分别进行取反操作，所以取反得到的结果为 11111111111111111111111
1111010，其对应的十进制数为 -6
    */
    System.out.println("~5 = " + ~5);

    // << 表示按位左移，所有二进制位向左偏移对应的位数
    /*
        5 对应的二进制数是 00000000000000000000000000000101，那么除符号位外，整体
向左移动，例如：5<<2 表示将 5 对应的二进制数据向左位移两位，即在后面补两个 0，其对应的结果的
二进制表示形式为 00000000000000000000000000010100，其对应的十进制结果为 20
        注意：以上为二进制转换后的结果，如果觉得抽象不好理解，则可以理解为，每向左移动
一位，就是在原来数值的基础上乘以 2，5 乘以 2 等于 10,10 再乘以 2 等于 20
    */
    System.out.println("5 << 2 = " + (5 << 2)); // 输出结果为 20

    // >> 表示按位右移，所有二进制位向右偏移对应的位数
    /*
        5 对应的二进制数是 00000000000000000000000000000101，那么除符号位外整体向
右移动
        例如：5>>2 表示将 5 对应的二进制数向右位移动两位，就是将最低两位（最右侧的两位）
删除，其对应结果的二进制表示形式为 00000000000000000000000000000001，其对应的十进制结果
为 1
        注意：以上为二进制转换后的结果,如果觉得抽象不好理解,则可以理解为,每向右移动一位,
只保留商，不考虑小数和余数
        即在原来数值的基础上除以 2，5 除以 2 等于 2（余数为 1），2 再除以 2 等于 1
    */
    System.out.println("5 >> 2 = " + (5 >> 2)); // 输出结果为 1
}
```

3.1.6　赋值运算符

将赋值运算符右边的值传递给左边，最基本的符号就是等于号（=）。

除等于号外，还可以与其他运算符进行联合使用，比如 +=、-=、*=、/=、%= 等。

```
public static void main(String[] args) {
    // 定义一个变量，并且用赋值运算符将常量 9527 的值存放到 num 变量中
    int num = 9527;
    System.out.println("num = " + num); // 输出结果为 9527
```

```
    /*
            += 加等于的运算是将指定的变量增加固定的数值，然后重新赋值给这个变量
            num += 1 等价于 num = num + 1
            注意：以上两种表现形式更推荐使用前者，因为前者的表达式中仅使用了三个操作单元，而
    后者的表达式中却包含四个操作单元，可以理解为操作单元越少，运算效率越高
            */
    num += 1;
    System.out.println("num = " + num); // 输出结果为9528

    // -=、/=、*=、%= 等其他组合使用方法你可以自行编写代码测试结果，用法类似
}
```

3.1.7　自增 / 自减运算符

++ 表示自增运算，将某个变量的值自增 1。

-- 表示自减运算，将某个变量的值自减 1。

注意：在使用 ++ 或者 -- 运算符的时候，根据运算符出现的位置不同，运算结果也会有微妙的变化。

```
public static void main(String[] args) {
    int n = 5;
    n++; // 执行完这个表达式之后，n 的值会自增1
    System.out.println("n = " + n); // 输出结果为 6

    int m = 5;
    m++; // 执行完这个表达式之后，m 的值会自增1
    System.out.println("m = " + m); // 输出结果为 6

    System.out.println("=======================================");

    // 通过以上部分未必能看得出 ++ 运算符放在前面或者后面的区别，我们继续往下看
    int nn = 5;
    System.out.println("nn = " + nn++); // 输出结果为 5
    System.out.println("nn = " + nn); // 输出结果为 6
    /*
    在这里直接输出 nn++ 的值，我们可以看到结果为 5，说明这里直接输出了 nn 的值，在输出的时候
    并没有自增，但是当我们再次输出 nn 的值的时候，发现结果为 6，也就是说完成了自增的动作。所以我
    们得到一个结论，在 ++ 运算符后置的时候，是先取值，之后才执行自增动作的。也就是"前置时，先取
    值再加加"
    */
```

```
    int mm = 5;
    System.out.println("mm = " + ++mm); // 输出结果为6
    /*
    这里直接输出 ++mm 的值，我们看到的结果就是自增之后的结果
    因此，我们可以得到结论，如果 ++ 运算符后置，那么"先加加，再取值"
     */

    // -- 是自减运算符，读者可以自己写代码尝试一下，用法与 ++ 运算符类似
}
```

3.2　思考

用三元运算符求三个数中的最大值：

```
    a > b ? (a > c ? a :c) : (b > c ? b : c)
```

分别输出一个三位数的个位、十位、百位：

```
int num = 123;
int g = num % 10; // 个位
int s = num / 10 % 10; // 十位
int b = num / 100; // 百位
```

运算符优先级：

Java 中的运算符优先级类似于小学数学中的运算符优先级，那么在 Java 中也是先算乘除、后算加减吗？

自行搜索：Java 运算符→优先级，搜索引擎能告诉你想要的答案。

第 4 章
/
流程控制之判断结构

4.1　程序运行流程（顺序）

正常顺序：从上到下（一般情况下从左向右）依次运行。

比如我们平时开车上班，正常情况下应该是打开车门上车，启动之后往公司开，到了公司正常打开车门，这指的就是正常的流程顺序。但是，在这期间可能会出现一些意外情况，比如开车门的时候，如果发现没带钥匙，就要回家去拿钥匙。如果路上遇到堵车，就会导致你迟到。如果遇到交通事故，就要先处理事故和保险理赔。所以，在程序运行的过程中也会根据不同的情况做出不同的运行轨迹。这就是流程控制的作用。

4.2　程序运行流程（可控）

可控的运行流程就是将常规的顺序运行流程进行改变，在特定的条件下完成特定的代码块。

1. 流程控制

用于流程控制的语法主要分类如下表所示。

流程控制结构	相关关键词
选择（判断）	`if`、`else`

流程控制结构	相关关键词
分支	`switch`、`case`、`default`、`break`
循环	`while`、`do while`、`for`、`continue`、`return`

2. 流程图

这部分内容了解即可，在流程图绘制过程中，不同的形状表示不同的含义。

一些常用的流程图元素如下表所示。

形状	含义
菱形	判断过程
直角矩形	执行过程
圆角矩形	可选过程
平行四边形	输入 / 输出过程
连接线	运行走向
其他	……

4.3 if 判断

判断语句是程序员最常用的流程控制语句，平时在代码中需要使用各种条件的判断语句，在满足某个特定条件的情况下，执行某一部分的代码操作。有一个这样的说法，程序员只使用 `if` 就能完成各种复杂的逻辑流程控制。所以学好 `if` 语句特别重要，下面我们来了解一下 `if` 的基本语法及使用，`if` 会不断地出现在后续的各种案例中。

4.3.1 if 的单独使用

单独使用 if 的流程图如下图所示。

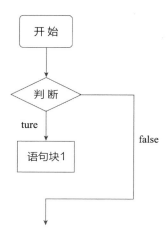

if 可以单独使用，在满足某个条件的时候，即判断表达式为 true 的时候，执行 if 对应的语句块中的内容。

```
if(/*boolean 类型表达式 */){
    // 语句块 1;
}// 如果 if 后面括号中的表达式值为真（true），则执行语句块 1，否则不执行语句块 1
```

案例 1：

```
public static void main(String[] args) {
    if (true){
        System.out.println("A");
    }
    if (false){
        System.out.println("B");
    }
}
/*
程序只会输出 A，因为只有语句块 A 所在的 if 条件表达式的值为 true
如果 if 的条件表达式值为 false，则不会执行 if 语句块中的内容
*/
```

案例 2：

```
public static void main(String[] args) {
    if (1314 > 520){
        System.out.println(" 判断条件成立，1314 > 520");
    }
    if (1314 < 520){
```

```
        System.out.println(" 判断条件不成立，1314 < 520");
    }
}
/*
案例 2 与案例 1 的结构类似，程序只会输出："判断条件成立，1314 > 520"
因为只有上面的 if 判断条件 1314 > 520 的表达式结果是 true，所以会执行到条件表达式成立的
if 语句块
因为下面的 if 判断条件 1314 < 520 的表达式结果为 false，所以不会执行对应的 if 语句块
*/
```

4.3.2 if 与 else 的配合使用

if 与 else 配合使用的流程图如下图所示。

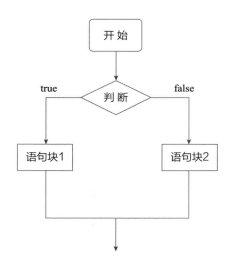

if 可以与 else 配合使用，如果 if 中的表达式成立，则执行 if 对应的语句块中的内容，否则执行 else 语句块中的内容。

else 需要与 if 配合使用，也就是说，else 在代码中不能单独出现。

else 的匹配规则是，只能与当前语句块相同级别中最近的并且尚未匹配的 if 进行匹配。

```
if(/*boolean 类型表达式 */){
    // 语句块 1;
}// 如果 if 后面括号中的表达式值为真（true），则执行 if 中的语句块 1
else{
    // 语句块 2;
```

}// 如果 if 后面括号中的表达式值为假（false），则执行 else 中的语句块 2

案例 1：

```java
public static void main(String[] args) {
    if (true){
        System.out.println(" 判断条件成立 ");
    }else{
        System.out.println(" 判断条件不成立 ");
    }
}
/*
if 判断条件的值为 true，表示判断条件成立，所以会执行 if 语句块中的内容
当 else 与 if 连用时，如果 if 的判断条件不成立，则执行 else 语句块中的内容
*/
```

案例 2：

```java
public static void main(String[] args) {
    if (1314 > 520){
        System.out.println(" 判断条件成立，1314 > 520");
    }else{
        System.out.println(" 判断条件不成立，1314 < 520");
    }
}
/*
案例 2 与案例 1 的结构类似，程序的输出结果为："判断条件成立，1314 > 520"
如果将判断条件中的 1314 > 520 改为 1314 < 520，则输出结果为 else 语句块中的内容，读者可以自
行进行测试
*/
```

4.3.3　else if 的使用

else if 的使用流程图如下图所示。

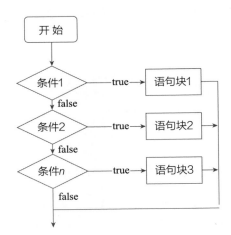

else if 与 if 类似，也是用于判断的语句，需要与其他判断条件配合使用，在整体语句块中至少要出现一个 if 语句，也就是说，else if 不能单独出现，具体语法如下。

```java
if(/* 条件 1 */){
        // 语句块 1
}else if(/* 条件 2 */){
        // 语句块 2
}else if(/* 条件 3 */){
        // 语句块 3
}else if(/* 条件 n */){
        // 语句块 n
}else{
        // 语句块 else
}
// 当条件 1、2、3 直到 n 中的任意一个条件满足时，执行对应的语句块，而且一旦满足其中任意一个条件，
// 其他 else if 判断不再执行，如果都没有满足条件，则执行 else 中的语句块
```

案例 1：

```java
public static void main(String[] args) {
    if(false){
        System.out.println("A");
    }else if(false){
        System.out.println("B");
    }else if(true){
        System.out.println("C");
    }else if(true){
        System.out.println("D");
    }else{
```

```
        System.out.println("E");
    }
}
/*
程序的输出结果为 C
由于第一个 if 的条件表达式值为 false，所以不会执行其语句块中对应的内容，但是程序会继续
向下执行
由于第二个条件仍然不成立，所以也不会执行对应语句块中的内容，程序也会继续向下执行
当程序执行到第三个条件的时候，返回表达式的值为 true，也就是说，条件成立，所以会执行对应语句
块中的内容，输出了结果：C
当执行完第三个成立的条件对应的语句块后，程序将不会继续向下执行，省去了后面的判断过程
*/
```

案例 2：

```java
public static void main(String[] args) {
    if(false){
        System.out.print("A");
    }
    if(false){
        System.out.print("B");
    }
    if(true){
        System.out.print("C");
    }
    if(true){
        System.out.print("D");
    }else{
        System.out.print("E");
    }
}
/*
程序的输出结果为 CD
注意：案例 2 与案例 1 的程序结构类似，但是有细微的区别，在案例 2 中使用的并不是 else if，这个案
例也说明了使用多个 if 与使用 else if 之间的区别。在使用 else if 的时候，我们发现，如果若干条
件中的某一个条件已经成立，就不会继续向下执行判断的动作。即使后面有同样成立的条件，也不会继续
执行。但是，如果并列使用多个 if 语句，则不管其中有没有成立的条件，每个 if 语句都会被执行，只
要条件是成立的，if 对应语句块中的内容就会被执行。
所以，使用多个 if 语句和使用 else if 是两个完全不同的场景，应该应用于不同逻辑的业务场景中
*/
```

思考下面两个案例，哪一个效率更高？

案例需求：输出一个与成绩对应的成绩等级，如下表所示。

分数	等级
90 ~ 100	A
80 ~ 89	B
70 ~ 79	C
60 ~ 69	D
0 ~ 59	E

案例 3：

```java
public static void main(String[] args) {
    int score = 99;
    if (score > 100 || score < 0){
        System.out.println("score = " + score + " ===> 非法值");
    }else if (score >= 90) {
        System.out.println("score = " + score + " ===> A");
    }else if (score >= 80){
        System.out.println("score = " + score + " ===> B");
    }else if (score >= 70){
        System.out.println("score = " + score + " ===> C");
    }else if (score >= 60){
        System.out.println("score = " + score + " ===> D");
    }else if (score >= 0){
        System.out.println("score = " + score + " ===> E");
    }
}
// 输出结果为 score = 99 ===> A
```

案例 4-1：

```java
public static void main(String[] args) {
    int score = 99;
    if (score > 100 || score < 90){
        System.out.println("score = " + score + " ===> 非法值");
    }
    if (score >= 90) {
        System.out.println("score = " + score + " ===> A");
    }
    if (score >= 80){
        System.out.println("score = " + score + " ===> B");
    }
    if (score >= 70){
```

```
            System.out.println("score = " + score + " ===> C");
        }
        if (score >= 60){
            System.out.println("score = " + score + " ===> D");
        }
        if (score >= 0){
            System.out.println("score = " + score + " ===> E");
        }
    }
    /*
    程序的输出结果为:
    score = 99 ===> A
    score = 99 ===> B
    score = 99 ===> C
    score = 99 ===> D
    score = 99 ===> E
    ========================
    这是错误的输出结果, 因为程序的逻辑就是错误的, 在成绩等级划分的过程中, 一旦确定了等级, 就不需
    要再向下判断了, 因为99这个分数满足以上所有判断条件, 所以会得到上面的运行结果, 即使要判断也
    要增加条件中的约束。程序修改见案例 4-2
    */
```

案例 4-2:

```java
public static void main(String[] args) {
    int score = 99;
    if (score > 100 || score < 90){
        System.out.println("score = " + score + " ===> 非法值");
    }
    if (score >= 90 && score <= 100) {
        System.out.println("score = " + score + " ===> A");
    }
    if (score >= 80 && score < 90){
        System.out.println("score = " + score + " ===> B");
    }
    if (score >= 70 && score < 80){
        System.out.println("score = " + score + " ===> C");
    }
    if (score >= 60 && score < 70){
        System.out.println("score = " + score + " ===> D");
    }
    if (score >= 0 && score < 60){
        System.out.println("score = " + score + " ===> E");
    }
```

```
}
/*
输出结果为 score = 99 ===> A
在案例 4-1 的基础上，判断条件需要增加约束条件，因为每次判断的时候必须要指定一个区间才能准确地
锁定成绩的区间。这个案例对比之前的案例 3，你觉得哪一个更好理解？哪一个运行效率更高？
别怀疑自己，相信自己的判断
*/
```

4.4.4　if 的嵌套使用

　　If 的嵌套使用和一般使用其实并没有太大的区别，只不过是条件的先后顺序和层次结构有所不同。只要关注语句块的层次和条件的顺序，就可以梳理清楚。具体的语法逻辑如下。本章中只了解语法结构即可，后续会遇到具体的实际案例。

```
if(/* 条件 1 */){
    if(/* 条件 2 */){
        // 语句块 1;
    }else{
        // 语句块 2;
    }
    // 语句块 5;
}else{
    if(/* 条件 3 */){
        // 语句块 3;
    }else{
        // 语句块 4;
    }
    // 语句块 6;
}
/*
如果条件 1 成立，则继续判断条件 2。当条件 2 成立时，执行语句块 1。如果条件 1 成立，但是条件 2 不成立，
则执行语句块 2。如果条件 1 不成立，则执行外层 else 中的 if 判断条件 3。如果条件 1 不成立而条件 3
成立，则执行语句块 3，否则（条件 1 不成立，并且条件 3 也不成立）执行语句块 4。另外，需要注意的是，
语句块 5 是在条件 1 的大括号下面，也就是说，只要条件 1 成立，无论条件 2 是否成立，都会执行语句块
5。语句块 6 与语句块 5 类似，它被写在条件 1 的 else 语句块中，也就是说，只要条件 1 不成立，就会
执行语句块 6。
注意：else 的匹配规则是，else 与之前（同级别）最近且尚未匹配过的 if 进行匹配
*/
```

4.4 思考

在使用 `if` 进行判断的时候，实际上最关键的并非是 `if` 流程控制的语法，而是条件表达式的写法。不同的条件需要使用不同的表达式来描述，表达式的逻辑、运行的效率等才是程序员应该关注的。

4.4.1 判断奇数 / 偶数

首先需要一个整数，这个整数可以是常量也可以是变量，通过 `if` 进行判断，能被 2 整除的数就是偶数，我们要判断的就是某一个数能不能被 2 整除，如果除以 2 得到的余数是 0，就表示这个数是偶数，反之就是奇数。下面是具体的代码示例。

```java
int num = 8;
if(0 == num % 2){
    System.out.println(" 偶数 ");
}else{
    System.out.println(" 奇数 ");
}
```

4.4.2 判断平 / 闰年

要判断一个年份是不是闰年，完整的判断条件是：如果这个年份能被 4 整除，并且还不能被 100 整除，或者这个年份能被 400 整除，那么这个年份就是闰年。下面是具体的代码示例。

```java
int year = 2000;
if(0 == year % 4 && 0 != year % 100 || 0 == year % 400){
    System.out.println(" 闰年 ");
}else{
    System.out.println(" 平年 ");
}
```

第 5 章
/
流程控制之分支

5.1　标准语法

```
switch(/* 整型、字符或字符串表达式 */){
    case 值 1:
    case 值 2: [break;]
    case 值 3:
    case 值 n:
    default:
}
```

标准语法流程图如下图所示。

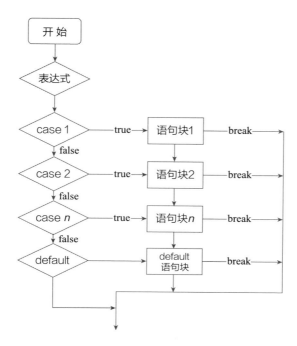

5.2 语法规则

1. switch 入口限制

`switch` 后面括号里的内容可以使用如下类型。

- 整型（byte / short / int / long）。

- 字符型（char）。

- 字符串（String）。

- 枚举类型（enum）。

2. case 用法

根据 `switch` 括号里面的值分别与 `case` 后面的值做匹配，如果匹配成功，则通过成功匹配点进入 `switch` 语句块。

> **注意：** 如果没有遇到 `break` 语句，则程序继续向下执行，并且不再重新匹配其他 `case` 值。

3. break 用法

当程序运行到 `break` 语句时，可以跳出当前的 `switch` 语句块。

4. default 用法

当匹配完所有 `case` 分支的条件之后，如果仍未匹配成功，则执行 `default` 中的语句，类似选择语句中 `else` 的使用。

注意：`default` 用法与在 C 语言中的用法有所不同，在 C 语言中，`default` 无论是否匹配成功，只要语句块运行到当前行，`default` 中的语句就会被执行。

5.3 案例

5.3.1 成绩等级划分

此案例在之前 `else if` 的章节中已经遇到，在此处可以使用 `switch case` 的语法结构将其实现，具体的实现过程如下。

```java
public static void main(String[] args) {
    // 这里先定义一个成绩变量，并将其初始化为 90
    int score = 90;

    /*
        以下为成绩等级规则
    100 - 90 A
    89 - 80  B
    79 - 70  C
    69 - 60  D
    < 60     E
    经过观察，总结出规律，90 分以上的为一类，80 分到 89 分的为一类，以此类推…… */

    // 由于 switch 的分支入口有一定的限制，所以我们可以将分数进行加工，将其除以 10 再取整，
    // 可以得出一个成绩区间
    int tmp = score / 10;

    // 将得出的成绩区间作为分支的入口
    switch (tmp){
        case 10: // 由于 case 中没有写任何语句，也没有 break 语句，所以即使从这个分支进入，
                 // 也会直接向下运行
        case 9: // 如果是 10 或者 9，则表示 score 的值在 90~100 之间
```

```
                System.out.println("A");
                    break; // 注意，此处要有 break，否则执行完 case 9 中的内容之后会继续
                                // 向下执行其他 case 中的语句
        case 8: // 如果是 8，则表示 score 的值在 80~89 之间
                System.out.println("B");
                    break;
        case 7: // 如果是 7，则表示 score 的值在 70~79 之间
                System.out.println("C");
                    break;
        case 6: // 如果是 6，则表示 score 的值在 60~69 之间
                System.out.println("D");
                    break;
        case 5: case 4: case 3: case 2: case 1: case 0:
                    // 如果是 5、4、3、2、1、0 中的某个值，则表示 score 的值在 0~59 之间
                System.out.println("E");
                    break;
        default:
                            // 如果没有匹配到以上分支，说明 score 的值不在 0~100 之间，
                            // 则直接输出错误信息
                System.out.println("SCORE ERROR");

        }
}
```

5.3.2　使用键盘进行输入

　　相信你一定发现了，在测试代码的时候，每次都要手动修改代码中变量的值才能得到运行效果，这个过程很麻烦。如果能通过键盘输入变量的值，就会变得容易得多。接下来，这个案例将展示如何用键盘给变量输入值。

```
// 细心的你会发现，在代码的第一行多了一行代码，这行代码的作用是导入一个工具包，与输入相关的
// 工具就在这个 Scanner 的包中
import java.util.Scanner;

public class Demo01 {
    public static void main(String[] args) {
        // 定义三个变量，没有对其进行初始化
        int i;
        float f;
        String s;

        // 定义一个输入对象，具体什么是对象，在面向对象的章节会做具体讲解，此处作为固定写法，
        // 原样照搬，记住即可
```

```java
        Scanner sc = new Scanner(System.in);

        // 初始一句话, 提示用户
        System.out.print(" 请输入一个整数: ");
        // 通过输入对象 sc 来获取一个整数类型, 使用的方式是 .nextInt(), 再用获取的值为变量
        // 赋值
        i = sc.nextInt();
        System.out.print(" 请输入一个浮点数: ");
        // 通过输入对象 sc 来获取一个浮点数类型, 使用的方式是 .nextFloat()
        f = sc.nextFloat();
        System.out.print(" 请输入一个字符串: ");
        // 通过输入对象 sc 来获取一个不包含空格的字符串, 使用的方式是 .next()
        s = sc.next();
        /*
            针对不同数据类型的数据, 需要使用 Scanner 对象中不同的方法进行获取, 这部分内
    容不属于本章的重点, 再次作为抛砖引玉的内容, 在后面用到具体知识点时会详细讲解
        */

        // 输出通过键盘获取值后的三个变量
        System.out.println("i = " + i);
        System.out.println("f = " + f);
        System.out.println("s = " + s);

    }
}
```

5.3.3 计算器的基本功能

接下来，我们用 `switch case` 来实现一个计算器的基本功能。

```java
public static void main(String[] args) {
    // 定义两个用于运算的数值变量, 这里进行了直接初始化, 如果希望从键盘获取, 那么可以参考上
    // 面的案例进行修改
    int num1 = 9;
    int num2 = 0;
    // 定义一个字符型变量, 用于存储具体的运算符
    char c = '+';

    // 通过运算符作为程序入口, 下面用 case 依次匹配运算操作
    switch (c){
      case '+':
        System.out.println(num1 + num2);
        break;
```

```java
            case '-':
                System.out.println(num1 - num2);
                break;
            case '*':
                System.out.println(num1 * num2);
                break;
            case '/':
                // 如果是除法运算，那么一定要注意除零错误，这里将除数为 0 的情况单独做出判断，并进
                // 行错误处理
                if(num2 != 0){
                    System.out.println(num1 / num2);
                    break;
                }else{
                    System.out.println("除零错误! ~! ~");
                    return;
                    // return 的功能是直接退出当前的 main 方法，在此程序中相当于结束程序。而 break
                    // 只是退出当前的 switch 语句块
                }
            default:
                System.out.println("不知道你要算什么! ~");
        }
}
```

5.3.4 用户输入一个年份和月份，输出其对应的天数

这个案例使用了键盘输入相关的知识点，以便进一步巩固上面我们学习过的知识点。

```java
public static void main(String[] args) {
    // 用户输入一个年份和月份，输出其对应的天数
    Scanner sc = new Scanner(System.in);
    System.out.print("请输入一个年份:");
    int year = sc.nextInt();
    System.out.print("请输入一个月份:");
    int month = sc.nextInt();

    // 定义一个用于存储天数的变量，并设置初始值为 0
    int days = 0;

    // 将月份作为分支入口，依次进行 case 的匹配
    switch (month){
        case 1: case 3: case 5: case 7: case 8: case 10: case 12:
        // 1/3/5/7/8/10/12 月，任何年份都是 31 天，所以直接将 31 赋值给 days 即可
            days = 31;
                break;
```

```
            case 4: case 6: case 9: case 11:
            // 4/6/9/11 月，任何年份都是 30 天，所以直接将 30 赋值给 days 即可
                days = 30;
                    break;
            case 2:
            // 二月份相对比较特殊，需要先判断平闰年，才能知道具体是多少天
                    /*
                        定义一个临时变量 t，由于闰年比平年多一天，所以用 t 来表示当前年份是否
多了一天

                        通过三元运算符判断当前年份是否为闰年，如果是闰年，则 t 的值为 1，表示
多一天；如果是平年，则 t 的值为 0
                    */
                int t = ((year % 4 == 0 && year % 100 != 0) || 0 == year %
400) ? 1 : 0;
                days = 28 + t; // 月份的天数等于 28 天，加上平闰年的判断结果
                    break;
            default:
            // 如果以上 case 匹配失败，则说明月份输入错误
                System.out.println(" 月份错误！~");
                return; // 如果月份输入错误，则直接退出程序，不会输出 switch 语句块下方
                        // 的结果
        }
        // 输出结果
        System.out.println(year + " 年 " + month + " 月 有 " + days + " 天 ");
}
```

5.3.5 恺撒日期

恺撒日期是一个非常经典的案例，在流程控制阶段的学习过程中会多次出现。

需求：用户输入年月日，程序输出对应日期是该年份的第多少天。

需要思考的问题：

（1）对用户输入的日期是否合法进行判断。

（2）年份小于 0，月份小于 1 或者大于 12，日期小于 1，大于每个月最大的天数。

（3）计算每个月最大的天数，用于判断输入的日期是否合法。

（4）累加，从所输入月份的前一个月开始，向 1 月份累加，再加上当前输入的天数，
得到最终的结果。

```
public static void main(String[] args) {
```

```java
// 第一步：输入
Scanner sc = new Scanner(System.in);
System.out.print("请输入年份：");
int year = sc.nextInt();
System.out.print("请输入月份：");
int month = sc.nextInt();
System.out.print("请输入日期：");
int day = sc.nextInt();

// 第二步：求输入的月份中最多有多少天
int maxDays = 0;       // 用于存储输入的月份对应的天数
int t = ((year % 4 == 0 && year % 100 != 0) || year % 400 == 0) ? 1 : 0;
switch (month){
    case 1: case 3: case 5: case 7: case 8: case 10: case 12:
        maxDays = 31;
        break;
    case 4: case 6: case 9: case 11:
        maxDays = 30;
        break;
    case 2:
        maxDays = 28 + t;
        break;
    default:
        System.out.println("月份输入错误！~");
        return;
}

// 第三步：判断输入的日期是否合法
if (year < 0 || month < 1 || month > 12 || day < 1 || day > maxDays){
    System.out.println("日期输入非法！~");
    return;
}

// 第四步：开始做累加操作
int sumDays = 0;
switch (month - 1){
    /*
        注意，在此案例中，12月无论如何也不会执行到，因为入口使用的就是"月份−1"，所以
不用写12月，为了体现程序的完整性，我把它写出来了，但是注释掉了。另外，在这个累加的过程中没
有break语句，目的是让程序能够依次向下运行，进行累加
    */
    //  case 12: sumDays += 31;
    case 11: sumDays += 30;
    case 10: sumDays += 31;
    case 9: sumDays += 30;
```

```
            case 8: sumDays += 31;
            case 7: sumDays += 31;
            case 6: sumDays += 30;
            case 5: sumDays += 31;
            case 4: sumDays += 30;
            case 3: sumDays += 31;
            case 2:
                sumDays += (28 + t);
            case 1: sumDays += 31;
        }
        sumDays += day;

        // 输出计算结果
        System.out.println(year + " 年 " + month + " 月 " + day + " 日 " + "
是 " + year + " 年当中的第 " + sumDays + " 天 ");
    }
```

第 6 章
/
流程控制之循环

流程控制中的循环也是重点，在每个项目中都有多个循环来实现各种需要重复执行的代码块。在 Java 中，循环主要有以下三种表现形式，可以根据不同的需求选择不同的循环来解决相应的问题。

6.1　循环的种类及标准写法

6.1.1　while 循环

while 循环流程图如下图所示。

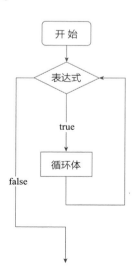

```
while(/* 循环条件 */){
    /* 循环体; */
}
// 在满足循环条件时执行循环体，不满足时退出循环
```

案例：输出 1 到 10 之间的整数。

```
public static void main(String[] args) {
        // 定义一个循环变量 n，并初始化为 1
    int n = 1;

        // 通过 while 循环输出
    while (n <= 10){ // 当 n 的值小于或等于 10 的时候执行循环体
        System.out.println(n); // 输出 n 的值
        n++; // 将 n 的值做自增操作
    }
        // 当 n 的值自增到 11 的时候，将不再满足循环条件，会自动跳出循环语句块
}
```

6.1.2 do while 循环

do while 循环流程图如下图所示。

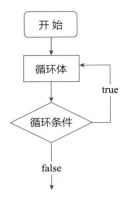

```
do{
    /* 循环体; */
}while(/* 循环条件 */)
// 先执行循环体，再进行判断，当不满足条件时，退出循环
```

案例：输出 1 到 10 之间的整数。

```java
public static void main(String[] args) {
    // 定义一个循环变量n，并初始化为1
    int n = 1;

    // 通过 do while 循环输出 n
    do {
        System.out.println(n); // 输出 n
        n++; // 将 n 的值做自增操作
    }while (n <= 10);// 当 n 的值小于或等于 10 的时候，执行循环体
    // 当 n 的值自增到 11 的时候，不再满足循环条件，程序会自动跳出循环语句块

    // 在这个案例中需要注意的是，循环体写在判断语句中，也就是说，无论循环条件是否成立，都会
    // 执行一次循环体
}
```

6.1.3　for 循环

for 循环流程图如下图所示。

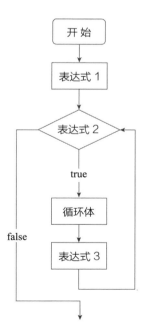

```java
for(/* 表达式 1*/; /* 表达式 2*/; /* 表达式 3*/){
    /* 循环体；*/
}
```

> // 表达式 1：循环变量初始化，只在第一次进入循环的时候被执行一次
> // 表达式 2：循环次数限制条件，在每次执行循环体之前被执行一次
> // 表达式 3：循环变量的步进，在每次执行循环体之后被执行一次

案例：输出 1 到 10 之间的整数。

```java
public static void main(String[] args) {
    // 参考上面的语法和流程图，对号入座，分析程序的运行顺序
    for (int i = 1; i <= 10; i++) {
        System.out.println(i);
    }
    // 注意：for 循环的循环变量命名通常为 i、j、k，而 while 循环的循环变量通常命名为 m、n
}
```

注意：在选择不同的循环语法时要遵循以下原则——若已知循环次数，则使用 `for` 循环；若不知道循环次数，则使用 `while` 循环；若无论如何都希望执行一次循环体，则选择 `do while` 循环。

以上为基础语法的应用演示，具体的用法还需要在实际案例中运用才能熟练掌握。

6.2　break 和 continue

6.2.1　break 的用法

`break` 关键词之前在 `switch` 的章节中出现过，它表示跳出当前的语句块。如今在循环中其功能也是一样的，在循环的使用过程中，如果遇到 `break` 语句，就表示要跳出当前的循环体，所以 `break` 通常不会脱离 `if` 而单独出现，一定是在满足某一个特定条件的情况下才会跳出循环，否则写在 `break` 下面的代码将毫无意义，因为这类代码将永远不会被执行。

break 用法流程图如下图所示。

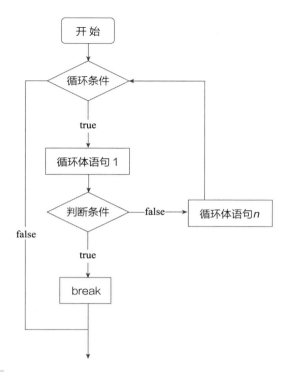

案例 1：break 的错误用法。

```java
public static void main(String[] args) {
    for (int i = 1; i <= 10; i++) {
        System.out.println(i);
        break; // 执行到 break 之后，直接跳出循环体，下面的代码将不会被执行
        System.out.println(" 这是一行永远都不会被执行到的代码 ");
    }
        // 以上循环体执行完只会输出一个 1，因为循环体只执行了一次
        // 而且只会执行到 break 那一行。循环体中 break 下面的代码将不会被执行
}
```

案例 2：break 的正确用法。

```java
public static void main(String[] args) {
    for (int i = 1; i <= 10; i++) {
        System.out.println(i);

        if (i > 5)      // 当 if 下面的语句块中只有一条语句的时候，大括号可以省略不写
            break;
```

```
        // 在没有满足以上判断条件的情况下，不会执行到 if 中的语句块，在不执行到 break 的情
        // 况下，下面的语句会被执行
        System.out.println(" 这行代码只有在循环变量 i 不大于 5 的时候会被执行到 ");
    }
}
```

6.2.2　continue 的用法

continue 的用法与 break 类似，continue 表示结束当前循环，继续执行下一次循环，而 break 将直接跳出循环体。

continue 同样需要与 if 判断语句结合使用，如果单独出现，则写在 continue 下的语句也无法被执行。

continue 的用法流程图如下图所示。

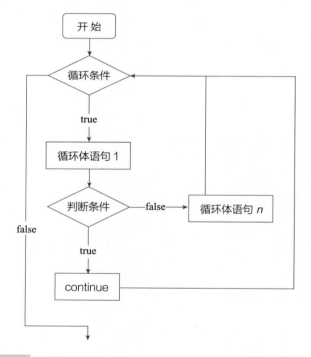

案例 1：continue 的错误用法。

```java
public static void main(String[] args) {
    for (int i = 1; i <= 10; i++) {
        System.out.println(i);
```

```
        continue;
        System.out.println(" 这行代码永远都不会被执行到 ");
    }
}
```

案例 2：continue 的正确用法。

```
public static void main(String[] args) {
    for (int i = 1; i <= 10; i++) {
        System.out.println(i);
        if (i % 2 == 1) // 判断 i 的值是不是奇数，如果是，则结束本次循环，继续执行下一次
                        // 循环
            continue;
        System.out.println(" 这行代码只有在循环变量 i 为偶数的时候会被执行 ");
    }
}
```

6.3 案例

6.3.1 输出 1 ~ 10

```
public static void main(String[] args) {
    /*
    表达式 1：定义循环变量，并初始化为 1
    表达式 2：作为循环条件，如果 i 的值小于或等于 10，则说明满足循环条件，可以计入循环体执行
    表达式 3：当执行完循环体之后，让 i 的值自增，每次都自增 1
    */
    for (int i = 1; i <= 10; i++){
        // 循环体中输出循环变量 i 的值
        System.out.println("i = " + i);
    }
}
```

6.3.2 输出 1 ~ 100 累加和

需求：输出 1 到 100 的累加和，正确结果为 5500。

```
public static void main(String[] args) {
        // 定义一个变量，用于存储累加和的结果，并初始化为 0，便于累加操作
```

```
    int sum = 0;
      /*
          表达式 1：定义循环变量，并初始化为 1，表示从 1 开始计算
          表达式 2：定义循环条件，当循环变量的值小于等于 100 时，进入循环体做累加运算
          表达式 3：循环变量自增，每次加 1
      */
    for (int i = 1; i <= 100; i++){
        // 在循环体内，将每次的循环变量的值累加到 sum 中，sum+=i 等价于 sum=sum+i
        sum += i;
    }
      // 输出结果
    System.out.println("sum = " + sum);
}
```

6.3.3　输出 1 ~ 100 的偶数和

需求：计算 1 到 100 之间的偶数相加之和，正确结果为 2550。

```
public static void main(String[] args) {
    int sum = 0;
    for (int i = 0; i <= 100; i++){
        // 判断当循环变量的值为偶数的时候才进行累加的操作
        if(i % 2 == 0)
            sum += i;
    }
    System.out.println("sum = " + sum);
}
```

6.3.4　输出所有水仙花数

需求：输出 1000 以内的所有水仙花数，水仙花数的定义为：个位的立方 + 十位的立方 + 百位的立方 = 这个数本身。

```
public static void main(String[] args) {
    for (int i = 100, g, s, b; i <= 999; i++){
        g = i % 10;              // 个位
        s = i / 10 % 10;         // 十位
        b = i / 100;             // 百位
        // 判断：个位的立方 + 十位的立方 + 百位的立方等于这个数本身
        if(i == ((g * g * g) + (s * s * s) + (b * b * b))){
```

```
            System.out.println(" 水仙花数有： " + i);
        }
    }
}
```

6.3.5 输出由 9 行 9 列星号组成的矩形

需求：输出一个由 9 行 9 列的星号组成的矩形。例如：

```
* * * * * * * * *
* * * * * * * * *
* * * * * * * * *
* * * * * * * * *
* * * * * * * * *
* * * * * * * * *
* * * * * * * * *
* * * * * * * * *
* * * * * * * * *
```

提示：用一个循环可以输出一行，那么用循环嵌套的形式就可以输出多行，代码如下。

```
public static void main(String[] args) {
    // 9 行 9 列星号矩形

    //外循环：一共要输出 9 行
    for (int i = 0; i < 9; i++){
        // 内循环：每一行 9 个星号
        for (int j = 0; j < 9; j++) {
            System.out.print("*");
        }
        System.out.print("\n");
    }
}
```

6.3.6 输出由 9 行星号组成的直角三角形

需求：输出一个由 9 行星号组成的直角三角形。例如：

```
*
* *
```

```
* * *
* * * *
* * * * *
* * * * * *
* * * * * * *
* * * * * * * *
* * * * * * * * *
```

提示： 此案例实际上就是星号矩形案例的升级版。根据图形寻找规律，每一行输出星号的数量与行数相同，也就是说，第一行输出一个，第二行输出两个，以此类推。我们根据之前输出矩形的那个案例，只需修改内循环中每一行输出星号的个数，就能实现三角形的输出。具体代码如下。

```java
public static void main(String[] args) {
    // 9 行 9 列星号直角三角形
    for (int i = 0; i < 9; i++){
        for (int j = 0; j <= i; j++) {
            System.out.print("*");
        }
        System.out.print("\n");
    }
}
```

6.3.7　九九乘法表

需求：输出九九乘法表。

提示： 此案例相当于上面直角三角形案例的升级版。内外的循环条件完全不用发生变化，只需将内循环中的星号替换成算式即可，利用外循环变量 i 和内循环变量 j 的值，将其组织成算式并输出即可，代码如下。

```java
public static void main(String[] args) {
    System.out.println("================= 九九乘法表 =================");
    for(int i = 1; i <= 9; i++){
        for (int j = 1; j <= i; j++){
            System.out.print(j + " x " + i + " = " + (i*j) + "\t");
        }
        System.out.println();
    }
}
```

6.3.8 输出由 7 行 * 号组成的等腰三角形

需求：用 7 行星号输出一个三角形。例如：

```
形状一                      形状二
         *                         *
       * *                        ***
     * * *                       *****
   * * * *                      *******
 * * * * *                     *********
* * * * * *                   ***********
* * * * * * *                *************
```

> **提示：** 等腰三角形与直角三角形类似，除要控制每一行星星的数量外，还要控制每一行第一个星星前面空格的数量。

如下所示，下方带有数字的形状就显示了空格的规律，上面的数字表示每一行中有多少空格，没有数字就表示没有空格。

```
123456*                   123456*
12345* *                  12345***
1234* * *                 1234*****
123* * * *                123*******
12* * * * *               1 *********
1* * * * * *              1***********
* * * * * * *             *************
```

在输出每一行星号之前，输出对应的空格数量，就可以实现等腰三角形的效果。其中形状一相对比较简单，留给读者完成。

形状二的代码如下。

```java
public static void main(String[] args) {
    for (int i = 1; i <= 7; i++){// 行数
        // 输出星号前面的空格
        for (int k = 7 - i; k > 0; k--){
            System.out.print(" ");
        }
        for (int j = 1; j <= 2 * i - 1; j++){
            System.out.print("*");
        }
        System.out.println("");
    }
}
```

6.3.9 输出 1000 以内的素数

需求：输出 1000 以内的所有素数，素数是指只能被 1 和自身整除的数。代码如下。

```java
public static void main(String[] args) {
    int i, j;
    // 因为 2 这个数相对比较特殊，所以直接输出即可
    System.out.print("2 ");

    // 3~1000 的数
    for(i = 3; i <= 1000; i++){
        // 内循环 j 的值作为除数，除数的取值范围从 2 开始到 i-1 结束
        // 如果在这个范围内被整除，则说明该数不是我们要的素数
        for(j = 2; j < i; j++){//j<i 等价于 j ≤ i-1
            // 如果被整除，就没有必要继续测试
            if(i % j == 0)
                break;// 退出内循环，不再继续除
            /*
                如果通过 break 退出内循环，那么这个时候 j 的值就一定是满足循环条件的
                因为如果不满足循环条件，就不会执行 if，更不会执行 break
                在 j < i 的情况下满足循环条件
                循环可以通过两种方式退出：第一种，break。第二种，当循环条件不成立时，
                如果执行 break 后退出了，则说明能够被整除，此时 j 的值一定小于 i
                换句话说，如果没有执行 break，就是没有被整除
                如果一直都没有被整除，就说明这个数是我们要的数
                如果没执行 break 就退出循环，则说明循环条件不成立
                循环条件是 j<i，当 j ≥ i 的时候循环条件将不再成立，自动退出循环
                当循环条件是 j ≥ i 的时候说明没有被整除，那么该数就是我们要的数
            */
        }
        /*
            没被整除的条件就是没有通过 break 退出循环，这个条件一定是与上面内循环条件相
            反的，这时上面内循环的循环变量 j 就相当于一个标识，通过 j 的值就能判断出该数
            有没有被整除过，如果没有，那么该数就是我们想要的数
            上面内循环的条件是 j<i，此处判断我们使用的条件是 !(j<i) 或者 j ≥ i，这两个表
            达式是等价的
        */
        if(!(j < i))
            System.out.print(i + " "); // 输出结果
    }
}
```

第 7 章
/
数组

7.1 数组的概念

数组实际上就是相同数据类型变量的集合。

我们在程序开发的过程中，很多时候都需要将多个变量有规律地组织在一起，如果用单独的变量不好管理，就可以使用数组来帮我们解决相关的问题。但是，数组多数用于面向过程的编程语言中，在 Java 中，数组这部分内容却显得不是那么重要。在集合出现以后，程序中多数都是使用集合来解决相关问题的。在本章中，我们的学习目的就是认识数组，了解它的基本操作和原理。关于集合的相关内容，在后续章节中有详细的讲解。

7.2 数组的使用

7.2.1 数组的定义

使用数组与使用普通变量类似，在使用之前同样需要定义，但是定义数组的格式却与普通变量有所区别。由于 Java 是一门面向对象的编程语言，在 Java 中数组也是对象，所以在定义数组的时候需要使用 new 关键词，具体语法如下。

```
/* *************************************************** *
 * 数据类型说明符 [] 数组名 = new 数据类型说明符 [ 长度 ];
 * *************************************************** */
int[] arr = new int[10];        // 定义一个可以存储 10 个整型变量的数组
```

7.2.2　数组的初始化

定义数组与定义普通变量一样，可以直接对其进行初始化，同样使用赋值运算符来对其进行直接初始化。初始化的方式有很多种，这里只列举其中相对常用的一种。其他初始化方式，可以通过搜索引擎自行学习。

```
int[] arr = {1,2,3,4,5,6,7,8,9,0};    // 直接初始化的方式是根据大括号中元素的个数来确
                                      // 定数组的长度的
```

7.2.3　数组成员的访问

数组在定义并初始化之后，想要访问数组中的某个元素，需要通过数组名（数组变量名）和下标（位置／索引）相结合的方式来对其进行访问，具体语法如下。

```
/****************************************************
数组名 [ 下标 ]
****************************************************/
int[] arr = {1,2,3,4,5,6,7,8,9,0};             // 直接初始化
System.out.println(arr[4]);                    // 输出结果为 5
// 数组的下标从 0 开始到数组长度（数组名 .length 可用于计算数组的长度）-1 结束
```

7.2.4　数组的特性

（1）数组中的成员占用连续的存储空间。

（2）数组名实为该数组的首地址，打印格式为 [I@278DFE43。

```
int[] arr = new int[10];
System.out.println(arr);
// 直接打印数组名，相当于打印这个数组在内存中的首地址
```

打印格式中的内容详解如下：

- [：表示这是一个数组的首地址。

- I：表示 Integer 类型的数组。

- @：表示地址。

- 278DFE43：以八位十六进制数表示的内存物理地址。这个物理地址是 JVM 随机分配的，并不是固定的。

（3）在访问数组成员时，注意不要使下标越界。

数组的下标从 0 开始，到数组长度 –1 结束，也就是说，拥有 10 个元素的数组，第一个元素的下标是 0，最后一个元素的下标是 9。

（4）数组中的成员数据类型必须相同。

（5）Java 中数组的长度一旦确定就不能增减，并且在定义数组时一定要初始化长度。

7.3 案例

7.3.1 数组的遍历

需求：将一个数组正序 / 逆序输出每一个下标所对应的元素。

```
public static void main(String[] args) {
    // 数组的定义：直接初始化
    int[] score = {9,8,7,6,5};

    // 通过循环对数组元素依次做输出操作：正序的
    for (int i = 0; i < score.length; i++){
        System.out.println("score[" + i + "] = " + score[i]);
    }

    // 通过循环对数组元素依次做输出操作：逆序的
    for (int i = score.length - 1; i >= 0; i--){
        System.out.println("score[" + i + "] = " + score[i]);
    }

}
```

7.3.2 求最值

需求：在一个数组中寻找所有元素中的最大值。

此案例的目的是找到数组中的最大值，后续可以思考如何找到最小值，有几个最大值，最大值或者最小值所在的位置等。

```
public static void main(String[] args) {
```

```java
// 定义一个随机数对象，后续用于对数组进行随机的初始化操作
Random ran = new Random();
// 定义一个数组，初始化长度为 10 个元素长度
int[] arr = new int[10];

// 根据数组的长度循环遍历，并对其中的元素进行初始化赋值操作
for (int i = 0; i < arr.length; i++){
    // ran 为 Random 类的对象，用于生成随机数，ran.nextInt(100) 表示通过随机数对象生
    // 成 100 以内的随机值
    arr[i] = ran.nextInt(100);
}

// 遍历输出随机初始化以后的数组中的元素
System.out.print("数组的存储模式为：");
for (int i = 0; i < arr.length; i++){
    System.out.print(arr[i] + "\t");
}

// 定义一个 max 变量，用于存储最大值，并初始化为数组中的第一个元素，假设第一个元素是最大值
int max = arr[0];
// 通过循环遍历数组中的每一个元素
for (int i = 1; i < arr.length; i++){
    // 用三元运算符判断当前遍历的元素是否大于 max 中存储的值，如果大于，就将这个值赋值
    // 给 max，否则 max 的值不变
    max = arr[i] > max ? arr[i] : max;
}// 循环结束后 max 中存储的就是数组中的最大值

// 输出结果
System.out.println("Max = " + max);
}
```

7.3.3　查找数组中指定元素的所在位置

需求：查找一个输入元素在数组中是否存在，如果存在则输出其对应的位置。

```java
public static void main(String[] args) {
    // 定义一个输入对象，并通过键盘输入一个数据，下面用于查找
    Scanner sc = new Scanner(System.in);
    // 定义一个用于生成随机数的对象
    Random ran = new Random();
    // 定义一个拥有 10 个元素的数组
    int[] arr = new int[10];

    // 用随机数对数组中的每个元素进行初始化
```

```
for (int i = 0; i < arr.length; i++){
    arr[i] = ran.nextInt(10);
}

// 输出数组中元素的存储形式
System.out.print("数组中的元素为：");
for (int i = 0; i < arr.length; i++){
    System.out.print(arr[i] + "\t");
}

// 输出提示，提示用户输入一个要查找的值
System.out.print("请输入你要查找的元素：");
// 通过输入对象从键盘上获取一个整型数据，并为num变量赋值
int num = sc.nextInt();
boolean flag = true;  // flag初始化为true，true表示没找到，false表示已找到

// 通过循环遍历数组中的每一个元素
for (int i = 0; i < arr.length; i++){
    // 通过判断进行查找，判断要查找的num和当前遍历的元素arr[i]是否相等
    if (num == arr[i]) {
        // 如果相等就直接输出其对应的位置，因为i是下标，从0开始，所以在输出
        // 的时候需要加1
        System.out.println(num + "在数组中的第" + (i + 1) + "的位置");
        flag = false; // 如果找到了，就将flag赋值为false
    }
}
// 判断flag的值，如果flag的值为true则表示没有找到，输出信息
if(flag)
    System.out.println("你输入的元素在数组中并不存在！~");
}
```

7.3.4 数组逆序存储

需求：将一个数组中的元素逆序进行存储。

提示： 逆序存储的规律就是将数组中第一个和最后一个元素的位置进行交换，再将第二个和倒数第二个进行交换，以此类推。

```
public static void main(String[] args) {
    // 数组的逆序存储
    int[] arr = {1,2,3,4,5,6,7,8,9,0};

    // 通过循环遍历输出逆序之前数组中元素的存储形式
```

```
System.out.println(" 逆序存储转换之前：");
for (int i = 0; i < arr.length; i++){
    System.out.print(arr[i] + "\t");
}


/*
    数组的逆序算法
    根据规律对数组中指定位置的元素做交换操作，首先需要确定循环的次数，如果是 10 个数，则
需要换 5 次，如果是 11 个数，也需要换 5 次，中间剩余的一个元素不需要动。所以循环次数就是数组长
度除以 2 之后取整，用代码表示就是数组 .length/2，这就是循环条件
    然后，根据循环条件来控制数组的下标，做对应位置的交换操作即可。在循环中利用循环变量，
实际上我们要交换的就是 arr[i] 和 arr[arr.length-1-i]，i 的值每次循环都会向后移动一位，
arr.length-1 就是数组的最后一个元素，再减去 i 的值，这相当于每循环一次往前移动一位，如果梳理
不清楚，代入具体数算一下就明白了。剩下的就是如何做交换，在之前的章节中已经有所提及。在本程序
中，具体代码如下。

*/
for (int i = 0, t; i < arr.length / 2; i++){
    t = arr[i];
    arr[i] = arr[arr.length - 1 - i];
    arr[arr.length - 1 - i] = t;
}


    // 输出逆序转换后的结果
System.out.println("\n 逆序存储转换之后：");
for (int i = 0; i < arr.length; i++){
    System.out.print(arr[i] + "\t");
}
}
```

7.3.5　向有序数组中插入元素后保证数组仍有序

需求：向一个有序的数组中插入一个元素，插入之后保证这个数组中的元素仍然保持有序。也就是说，要将这个元素放到指定的位置。

提示：先找到数据应该被插入的位置，然后移动后面的元素对其执行插入的动作。方法有很多，这里列举两种，具体代码如下。

```
public static void main(String[] args) {
    // 向一个有序数组中插入 1 个元素后，让原数组仍保持有序
    int[] arr = new int[10]; // 定义一个拥有 10 个元素的数组
    // 为前 9 个元素赋值，为要插入的元素预留 1 个位置
    for (int i = 0; i < arr.length - 1; i++){
        arr[i] = i;
```

```
}

    // 定义一个用于获取键盘输入的 Scanner 对象
Scanner sc = new Scanner(System.in);
    // 提示用户输入一个数字，并用获取到的键盘输入数据给 num 赋值
System.out.println("请输入一个 10 以内的数字：  ");
int num = sc.nextInt();

// 找到该元素在数组中应该插入的位置，即找到第一个比自己大的那个值的位置
int place = 0; // 用于存储要插入的位置
    // 遍历数组中的每一个元素
for (place = 0; place < arr.length - 1; place++){
    // 如果发现有一个元素大于用户刚刚输入的值，那么就说明找到这个位置了
    if (num < arr[place])
        break; // 找到位置后，直接执行 break 语句退出当前的循环，place 存储的就是
                // num 应该插入的位置
}

// 方法 1：在找到位置后，将该位置之后的元素整体向后移动，空出对应位置并进行插入赋值
    /*
    // 通过循环将插入位置后面的元素依次向后移动
for (int i = arr.length - 2; i >= place; i--){
    arr[i + 1] = arr[i];
}
// 将要插入的元素放到要插入的位置
arr[place] = num;
*/

// 方法 2：直接向数组中插入元素（循环插入）
for (int t = arr[place]; place < arr.length; place++){
    t = arr[place];         // 把数组中将要被覆盖的元素临时保存起来
    arr[place] = num;       // 将要插入的数覆盖到数组中
    num = t;                // 刚刚被保存起来的数，是下一次要插入的数
}

// 输出数组中的所有成员
for (int i = 0; i < arr.length; i++){
    System.out.print(arr[i] + "\t");
}
}
```

7.3.6 数组元素排序（升序、降序）——冒泡法

需求：对数组中的元素进行排序（经典算法）。

提示： 冒泡指的是烧水的时候气泡从底下向上升的过程，因为水底部的压强相对很大，所以气泡在下面的体积就会被压缩，升上来的气泡随着压强越来越小，体积会越来越大。这是物理现象，与代码似乎没有什么关系，但是思想是一样的。

示例：假设有 5 个人在站队，现在要把这 5 个人按照高矮进行排列，利用冒泡法应该如何操作呢？

队伍中的人的身高分别为（单位为 cm）：180、165、170、185、175。

想要通过程序解决这个问题，必定要使用循环，我们暂且将循环分为两层，外层循环的次数我们称之为"回"，内层循环的次数我们称之为"次"，那么我们寻找规律的时候就要知道外循环要循环多少"回"，内循环要循环多少"次"。现在，让我们一起来找规律。

现在一共有 5 个人，每一"回"要找出一个最高的人放在后面，那么第 1 "回" 是这样比的：第 1 "次"拉着第 1 个人去和第 2 个人比，发现 180 比 165 高，所以要让他们两个换位置，这次交换后的结果就是：165，180，170，185，175。此时，我们看到 180 身高的人已经上升到第 2 个位置，我们将继续向后比。

接下来，第 2 "次"拉着第 2 个人去和第 3 个人比，发现 180 比 170 高，所以还是要交换他们的位置，交换后的结果就是：165，170，180，185，175。此时，我们看到 180 身高的人已经上升到第 3 个位置了，我们还需要继续向后比。

第 3 "次"要拉着第 3 个人和第 4 个人比，发现 180 没有 185 高，因此，这两个人不需要换位置，队伍的情况没有发生变化。

第 4 "次"要拉着第 4 个人和第 5 个人比，发现 185 比 175 高，所以要交换他们两个人的位置，此时交换后的结果为：165，170，180，175，185。

此时，通过第 1 "回"的比较我们已经找到了一个最高的人，5 个人在第 1 "回"中一共比了 4 次，并且将这个最高的人换到了整个队伍的最后面。如果是数组操作，就相当于放到最后一个元素的位置。我们在下一次比较的时候，这个最高的人还需要再次进行比较吗？答案当然是不需要。所以我们可以得到以下规律：每当找到一个最高的人放到后面，下回从头再比较的时候，可以少比一个元素，规律如下。

在有 5 个元素的情况下

- 第1回：比4次（最后1位已经确定）。
- 第2回：比3次（最后2位已经确定）。
- 第3回：比2次（最后3位已经确定）。
- 第4回：比1次（最后4位已经确定），5个元素的排序完成。

用"回"来表示外循环，用"次"来表示内循环，代码如下。

```java
public static void main(String[] args) {
    // 定义一个用于生成随机数的 Random 对象
    Random ran = new Random();
    // 定义一个拥有 10 个元素的数组
    int[] arr = new int[10];

    // 随机为数组元素初始化
    for (int i = 0; i < arr.length; i++){
        arr[i] = ran.nextInt(100);
    }

    // 输出没有排序之前数组中的所有元素
    System.out.print(" 数组中原来的元素存储形式为：");
    for (int i = 0; i < arr.length; i++){
        System.out.print(arr[i] + "\t");
    }

    // 排序算法
    // 外循环的循环次数是数组的长度减 1
    for(int i = 0; i < arr.length - 1; i++){
        // 内循环的循环次数是数组的长度减 1，再减去外循环已经循环的次数，也就是 i，其表达式
        // 为 arr.length - 1 - i
        for (int j = 0; j < arr.length - 1 - i; j++){
            // 如果前面的元素大于后面的元素
            if (arr[j] > arr[j + 1]){
                // 交换算法，也可以利用临时变量的交换算法，这种交换算法仅适用于整型数据
                arr[j] ^= arr[j + 1];
                arr[j + 1] ^= arr[j];
                arr[j] ^= arr[j + 1];
            }
        }
    }

    // 输出排序后的结果
    System.out.print("\n 数组排序后的元素存储形式为：");
    for (int i = 0; i < arr.length; i++){
```

```
        System.out.print(arr[i] + "\t");
    }
}
```

7.3.7　二维数组——矩阵转置

需求：矩阵转置指的是将二维数组中的元素进行元素之间的行列互换。

提示： 这个案例中用到多维数组，之前我们学习的数组都是一维数组，从数据的表现形式上来看是线性的。也就是说，数据是从前到后的一条直线。二维数组可以理解成是面性的。类似于一个平面，有 x 轴和 y 轴的坐标。实际上多维数组也很好理解。假设是 N 维数组，实际上就是 $N-1$ 维数组的集合。一维数组是变量的集合，二维数组就是一维数组的集合，以此类推。多维数组在 Java 开发中基本用不到。所以，这里只作为了解的内容即可。

示例如下。

将二维数组 arr 初始化为：

```
int[][] arr = {{1,2,3},{4,5,6},{7,8,9}};
```

其存储形式可理解为 arr 数组中拥有三个元素，每个元素都是一个一维数组，根据初始化内容可见，二维数组 arr 中的三个元素分别为 arr[0]、arr[1]、arr[2]，这几个一维数组中都包含自己的元素。所以，我们可以把它们看成一维数组的数组名，其中的每个元素可以表示为：

```
arr[0] 中包含的 arr[0][0] = 1, arr[0][1] = 2, arr[0][2] = 3
arr[1] 中包含的 arr[1][0] = 4, arr[1][1] = 5, arr[1][2] = 6
arr[2] 中包含的 arr[2][0] = 7, arr[2][1] = 8, arr[2][2] = 9
```

下面这张图可以辅助你理解二维数组的结构。

arr	[0]	[1]	[2]
[0]	1	2	3
[1]	4	5	6
[2]	7	8	9

arr	[0]	[1]	[2]
arr[0]	1	2	3
arr[1]	4	5	6
arr[2]	7	8	9

了解了二维数组的结构之后，我们就可以实现这个矩阵的转置，目标是改变行、列的存储位置，结果如下图所示。

转置前

arr	[0]	[1]	[2]
[0]	1	2	3
[1]	4	5	6
[2]	7	8	9

转置后

arr	[0]	[1]	[2]
arr[0]	1	4	7
arr[1]	2	5	8
arr[2]	3	6	9

通过上图我们可以总结规律，转置的过程实际上就是交换二维数组中对应位置的元素，在转置后的结果中，我们发现白色背景的数字是不用动的，需要改变的就是蓝色的一对、黄色的一对和绿色的一对，分别进行交换即可（彩色图片下载方式请见前言）。将它们对应的下标进行对比，得到以下结果：

- 蓝色：`arr[0][1]` 和 `arr[1][0]` 交换。

- 黄色：`arr[0][2]` 和 `arr[2][0]` 交换。

- 绿色：`arr[1][2]` 和 `arr[2][1]` 交换。

通过代码对其进行实现，具体代码如下。

```java
public static void main(String[] args) {
    // 定义并初始化二维数组矩阵
    int[][] arr = {{1,2,3},{4,5,6},{7,8,9}};

    // 转置前的效果
    for (int i = 0; i < 3; i++){
        for (int j = 0; j < 3; j++){
            System.out.print(arr[i][j] + "\t");
        }
        System.out.println("");
    }

    // 转置算法
    for (int i = 0; i < 3; i++){
        for (int j = 0; j < 3; j++){
            /*
               注意，交换的时候需要判断并控制 j 的取值范围
```

> 　　如果不对其进行控制，则会遍历整个二维数组，那么交换的动作就会做两次。比如执行到 arr[0][1] 和 arr[1][0] 交换的时候，可以正常交换，如果不做控制，下次执行到 arr[1][0] 和 arr[0][1] 的时候也会进行交换，如果换两次，最终的结果就与没换之前是一样的。所以在此处需要控制一下下标。这里写的条件是 j>i，如果喜欢写成 j<i 也没有问题

```java
            */
            if(j > i){
                // 交换算法
                arr[i][j] ^= arr[j][i];
                arr[j][i] ^= arr[i][j];
                arr[i][j] ^= arr[j][i];
            }
        }
    }

    System.out.println("===============================");
    // 转置后的效果
    for (int i = 0; i < 3; i++){
        for (int j = 0; j < 3; j++){
            System.out.print(arr[i][j] + "\t");
        }
        System.out.println("");
    }
}
```

7.3.8　二维数组——杨辉三角

　　需求：用二维数组实现以下存储效果，如下图所示。

杨辉三角存储结构

arr	[0]	[1]	[2]	[3]	[4]	[5]	[6]	[7]	[8]
[0]	1								
[1]	1	1							
[2]	1	2	1						
[3]	1	3	3	1					
[4]	1	4	6	4	1				
[5]	1	5	10	10	5	1			
[6]	1	6	15	20	15	6	1		
[7]	1	7	21	35	35	21	7	1	
[8]	1	8	28	56	70	56	28	8	1

提示：除竖边和斜边上的数值都是 1 外，其他位置上的数值都是自己当前所在列上方上一行的元素加上一行前一列的元素得到的结果。如果用 i 表示行下标，用 j 表示列下标，其表达式可以写成：arr[i][j] = arr[i - 1][j - 1] + arr[i - 1][j]。通过循环嵌套，我们可以计算出这个三角形中每个位置所对应的数值，用代码实现具体如下。

```java
public static void main(String[] args) {
    // 定义一个 9 行 9 列的二维数组
    int[][] triangle = new int[9][9];

    // 初始化竖边和斜边上的值为 1
    for (int i = 0; i < 9; i++){
        triangle[i][0] = 1;
        triangle[i][i] = 1;
    }

    // 外循环下标从 [2] 开始遍历
    for (int i = 2; i < 9; i++){
        // 内循环下标从 [1] 开始遍历
        for(int j = 1; j < i; j++){
            triangle[i][j] = triangle[i - 1][j - 1] + triangle[i - 1][j];
        }
    }
    // 输出计算之后得到的杨辉三角（直角三角形）
    for (int i = 0; i < 9; i++){
        // 如果想输出等腰三角形，则可以在每一行前面增加相应数量的空格，类似之前输出的用
        // 星号组成的等腰三角形
        for (int j = 0; j <= i; j++){
            System.out.print(triangle[i][j] + "\t");
        }
        System.out.println("");
    }
}
```

第 8 章
/
方法（函数）

8.1　方法的概念

方法是指一个独立的、能够完成特定功能的"代码块"。

你可以把自己就想象成一个程序中的方法。首先，我相信你一定是独立的，不是连体的。其次，你也一定能够实现一些特定的功能，比如吃喝拉撒睡，这都是你的技能。在我们想使用方法的时候，你就把自己想象成方法就可以了。在实现某一项功能的时候，你需要的条件就是参数，如果你实现了功能，并需要将结果在程序的某个位置给予反馈，那么这就是返回值。在后续的案例中会有具体的介绍。

8.1.1　方法的用途

使用方法来编写代码可以让程序的逻辑更加清晰，让代码能够以模块化的形式呈现在开发者的眼前，也可以更好地提高代码的可复用性。

8.1.2　名词解析

（1）返回值：完成某项特定功能后反馈的结果。

（2）方法名：方法（函数）的名称，类似变量名。

（3）形参：在定义方法时小括号中的内容，带有数据类型（形参是局部变量）。

（4）实参：在调用方法时小括号中的内容，不带数据类型。

（5）返回：通过 `return` 关键字将指定数据返回给调用处，方法一旦执行 `return` 语句，则不再执行后面的语句，直接退出当前的方法。

（6）修饰符：`public`、`private`、`protected`、`default`、`static`、`abstract`、`final` 语句。

（7）调用：使用方法（函数）格式——方法名（实参）。

（8）传参：使用方法时，用实参为形参赋值。

8.1.3　使用方法时的注意事项

（1）定义方法时，方法体内返回的返回值类型必须与定义时相同。

（2）方法可以嵌套调用，但是不可以嵌套定义。

（3）在定义方法时，如果返回值为 `void`，则方法体内仍然可以使用 `return` 关键字，但是 `return` 后面不能跟随任何数据。

（4）方法重载时不可以出现完全相同的冲突（不能变成重写！后续在面向对象的继承章节中会接触到方法的重写）。

8.1.4　方法的定义

方法的语法格式如下：

```
方法修饰符　返回值类型　方法名（形参1，形参2，形参n...）{
    方法体；
}
```

8.1.5　方法示例

示例1：无参无返回值。通常这种类型的方法只是做一些简单的工作，比如输出一些固定的内容，代码如下。

```java
public static void main(String[] args) {
    // 对自定义函数 sayHello 的调用，调用方法的时候使用的格式是：方法名()
    // 在此处调用方法的时候就相当于直接执行了这个方法内部的代码，调用一次就执行一次，
    // 调用多次就执行多次
    sayHello();        // 第一次调用
    sayHello();        // 第二次调用
```

```
    sayHello();          // 第三次调用
    // 一共调用 3 次，sayHello 方法中的代码就会被执行 3 次
}
/*
    定义一个无参并无返回值的方法
    方法名为 sayHello，在调用方法时需要使用此返回值
    public static void 这三个关键词我们暂时按照 main 方法前面的部分照抄，后续章节中会有具
体介绍
    sayHello 后面的小括号中没有任何内容，表示在调用的时候不需要参数的传递
*/
public static void sayHello(){
    System.out.println("* *********** *");
    System.out.println("* Hello 小肆！ *");
    System.out.println("* *********** *");
}
```

示例 2：有参无返回值。基于上面的案例稍加改动，sayHello 方法需要一个 String 类型的参数。

方法中需要和一个指定的 name 说 Hello，这个 name 需要在调用方法的时候传递到方法的内部，具体代码如下。

```
public static void main(String[] args) {
    sayHello("小一");
    sayHello("小零");
    sayHello("小仲");
    sayHello("小肆");
}

/**
 * 向某某人说 Hello
 * @param name 名字
 */
public static void sayHello(String name){
    System.out.println("* *********** *");
    System.out.println("* Hello " + name + "！ *");
    System.out.println("* *********** *");
}
```

示例 3：有参有返回值，计算两个数相加的结果。

提示： 现在假设你是这个方法，你现在的名字叫作 mySum，一看这个名字就知道你会加法运算进行求和，这就是见名知意的好处。你现在想要计算的数就是方法中需要传递的参数，也就是说，这个方法中需要两个参数，而且是两个整型参数。那么你算完之后呢？是算完就结束了吗？你是不是要告诉调用的位置你算完了呢？因此，你需要将结果返回给调用你的位置。你返回的结果就是返回值，具体实现代码如下。

```java
public static void main(String[] args) {
    /*
        此处调用 mySum 方法，并且传递两个值给方法中的参数，
        调用后返回值会被返回到调用处，这里我们可以用这个方法的返回值给变量 res01 进行赋值
    */
    int res01 = mySum(1, 2);
    System.out.println("res01 = " + res01); // 输出结果：res01 = 3

    int res02 = mySum(3, 4);
    System.out.println("res02 = " + res02); // 输出结果：res02 = 7
}


/**
 * 计算两个整数相加之和
 * @param a 第一个整数加数
 * @param b 第二个整数加数
 * @return 相加之后的结果
 */
public static int mySum(int a, int b){
    return a + b;
}
```

示例 4： 参数值传递。在方法调用的过程中，当普通变量作为参数传递的时候，传递的是变量的值，而不是变量本身的内存地址，如果传递的是引用数据类型，则传递的是变量本身的地址。引用数据类型会在面向对象章节中进行讲解。

```java
public static void main(String[] args) {
    int a = 5, b = 6;
    mySwap(a, b);
    System.out.println("在 mySwap 方法体外：a = " + a + "\t b = " + b);
}

/**
 * 交换两个变量的值
 * @param a 第一个整数
 * @param b 第二个整数
```

```
 */
public static void mySwap(int a, int b){
    int t = a;
    a = b;
    b = t;
    System.out.println("在 mySwap 方法体内：a = " + a + "\t b = " + b);
}
```

程序的输出结果为：

```
在 mySwap 方法体内：a = 6    b = 5 在 mySwap 方法体外：a = 5    b = 6
```

从运行结果我们可以看出，在方法体内的确实现了变量值的交换，但是在方法体外，两个变量的值并没有发生变化。这是因为在方法体内的形参变量 a 和 b，都是方法体内的局部变量，它们的生存期和作用域都在 mySwap 这个方法体的内部。也就是说，虽然方法体内部的形参变量 a 和 b 与主方法中的变量名相同，但却是两个完全不同的变量，也占用不同的存储空间。在方法调用传参的时候，仅仅是将变量中所存储的值传递给方法的形参。所以在方法体内的交换动作，并不会影响方法体外实参变量的值。

8.2 案例

恺撒日期（方法版）

这里使用自定义方法来实现之前做过的恺撒日期案例，我们可以将功能细分，把每个功能都写成一个自定义方法。

相信下面的代码你不会觉得陌生，但程序的结构却是模块化的，我们未来要逐渐熟悉这种模块化的程序结构。

具体代码如下（根据方法头注释中介绍的功能及参数和返回值说明，请读者自行解读源码）。

```
public static void main(String[] args) {
    // 恺撒日期 --- 方法版本，直接调用求和方法
    System.out.println(sumOfDate(input()));
}

/*****
 * 用于输入日期
 * @return：输入的年月日，用数组形式返回
```

```
 *                                      date[0]:year
 *                                      date[1]:month
 *                                      date[2]:day
 */
public static int[] input(){
    int[] date = new int[3];
    Scanner sc = new Scanner(System.in);
    System.out.print("请输入年份");
    date[0] = sc.nextInt();
    System.out.print("请输入月份");
    date[1] = sc.nextInt();
    System.out.print("请输入日期");
    date[2] = sc.nextInt();

    return date;
}


/*****
 * 判断一个年份是平年还是闰年
 * @param year: 将要被判断的年份
 * @return: true-- 闰年    false-- 平年
 * EMail:ice_wan@msn.cn
 */
public static boolean judgeYear(int year){
    return  year % 4 == 0 && year % 100 != 0 || year % 400 == 0;
}


/***
 * 计算指定的年份中指定的月份共有多少天
 * @param year: 年份
 * @param month: 月份
 * @return : 计算结果，即天数
 */
public static int dayOfMonth(int year, int month){
    switch(month){
        case 1: case 3: case 5: case 7: case 8: case 10: case 12:
            return 31;
        case 4: case 6: case 9: case 11:
            return 30;
        case 2:
            int t = judgeYear(year) ? 1 : 0;
            return 28 + t;
        default:
            System.out.println("ERROR");
            return -1;
```

```
        }
}

/****
 * 判断用户输入的日期是否正确
 * @param year：年份
 * @param month：月份
 * @param day：日期
 * @return：true--- 正确    false--- 错误
 */
public static boolean judgeInput(int year, int month, int day){
    return !(year < 0 || month > 12 || month < 1 || day < 1 || day > day
OfMonth(year, month));
}

/*****
 * 计算恺撒日期天数总和
 * @param year：年份
 * @param month：月份
 * @param day：日期
 * @return：计算结果，即恺撒日期
 * E-Mail : ice_wan@msn.cn
 */
public static int sumOfDate(int[] date){
    if(!judgeInput(date[0], date[1], date[2])){
        System.out.println(" 输入的日期有误！~");
        return -1;
    }
    int sum = 0;
    for (int i = date[1] - 1; i > 0; i--){
        sum += dayOfMonth(date[0], i);
    }
    sum += date[2];
    return sum;
}
```

8.3　方法的重载

8.3.1　方法的重载的特点

（1）方法名相同。

（2）形参列表不同（数量不同、类型不同、顺序不同）。

```java
// 以下这些都是方法的重载，它们可以同时定义在一个类中，不会出现语法错误
// 如果在调用的时候传递不同的参数，则会自动匹配对应参数的方法进行自动调用
public static void fun(int a, int b){/* 方法体 */}
public static void fun(float a, int b){/* 方法体 */}
public static void fun(int a, float b){/* 方法体 */}
public static void fun(){/* 方法体 */}
public static void fun(int a, int b, String str){/* 方法体 */}
public static void fun(float a, double b){/* 方法体 */}
```

8.3.2 案例

需求：根据不同的参数调用由相同方法名定义的重载方法，通过代码运行结果分析程序的自动调用关系。

```java
public static void main(String[] args) {
    fun(9527);
    fun(3.14f);
    fun(12.56);
    fun("IT老邪");
}

public static void fun (int num){
    System.out.println(" 参数为 int 类型的方法被调用了 ");
}
public static void fun (String str){
    System.out.println(" 参数为 String 类型的方法被调用了 ");
}
public static void fun (float f){
    System.out.println(" 参数为 float 类型的方法被调用了 ");
}
public static void fun (double d){
    System.out.println(" 参数为 double 类型的方法被调用了 ");
}
```

第 9 章
/
面向对象

面向对象编程中的对象，指的并不是我们第一直觉中男女朋友中的"对象"，这里的对象指的是某一个具体的实体，能够操作的单元，如下图所示。

9.1　面向对象中类与对象的概念

- 类是对象的抽象

- 对象是类的实例

以上是官方给出的概念，看起来感觉不太容易理解。接下来就用具体的案例讲解什么是类、什么是对象。

类：通常都是看不见也摸不到的，比如人类、交通工具、动物。这些都是泛指某一个群体，并不是具体的事物。

对象：与类正好相反，是可以看得见也可以摸得到的，比如自行车、你家的宠物，它们都是具体的事物。

所以，可以说你是人类，但不能说人类就是你。可以说自行车是交通工具，但不能说交通工具就是自行车。

通过这个案例，我们知道，类是抽象的，是泛指，是看不见也摸不到的，所以说类是对象的抽象。对象是具体的，是客观存在的，所以说对象是类的具体实例。

- 面向对象的三大特性：封装、继承、多态

关于封装、继承、多态的详细讲解，在后续的章节中会分别提供实际案例。这里了解即可。

9.2 类的定义

定义类的标准语法示例如下。

```java
public class ClassName{
    // 成员变量（属性）
    public String name;
    public int age;


    // 成员方法
    public void fun(/* 形参列表 */){
        /* 方法体 */
    }
}
```

9.3 对象的使用

9.3.1 对象的使用步骤

（1）创建包：`import 包名 . 类名`。

在创建类的时候，可以先创建包，然后在包里创建自定义类。实际上，包就是项目目录中的子目录。

创建方法：

在项目的 src 目录上单击右键→选择 new（新建）→选择 Package （包）→起个名字之后确定即可。

我们在定义包名的时候，通常都是以公司域名逆序的排列来定义的，比如老邪的域名是 www.itlaoxie.com，其中 www 可以省略。我们定义的包名是 com.itlaoxie.xxx。

包创建成功之后，在项目目录下会出现一个新的目录，这个目录就是刚刚创建的包。可以将自定义类存放到这个目录中。

在使用类对象之前，需要事先导入这个类所在的包。语法是 `import 包名 . 类名`。

（2）实例化对象：`类名 对象名 = new 类名 ()`。

（3）通过对象名调用类成员属性及方法：`对象名 . 属性名或对象名 . 方法名`。

（4）案例。

案例源码：com.itlaoxie.PersonDemo.Person.java。

```java
        // 在 IDEA 的包中创建类时，IDEA 会默认添加下面的一行代码，指定当前的包名
package com.itlaoxie.PersonDemo;

public class Person {
    // 成员变量（属性）
    public String name;
    public int age;

    // 成员方法
    public void eat(String food){
        System.out.println(age + " 岁的 " + name + " 喜欢吃 " + food);
    }
}
```

案例源码：com.itlaoxie.PersonDemo.Test.java。

```java
        package com.itlaoxie.PersonDemo;
// 注意：当要使用的类和当前类处于同一个包下的时候，不需要 import，如果不在同一个包内，则需要
// 使用 import 导入包
// 另外，IDEA 会在实例化（new）对象的时候自动生成 import 语句

public class Test {
    public static void main(String[] args) {
        // 通过 Person 类，实例化一个 person 对象
```

```
        Person person = new Person();

        // 通过 person 对象调用类成员变量，并为其赋值
        person.name = " 小肆 ";
        person.age = 17;

        // 通过 person 对象调用类成员方法
        person.eat(" 土豆 "); // 输出结果：17 岁的 小肆 喜欢吃 土豆
    }
}
```

9.3.2 成员变量与局部变量

- 成员变量
    - 在类内、方法体外声明的变量。
    - 有默认值，默认值是各种形态的 0 或者空。

- 局部变量
    - 在方法体内声明的变量。
    - 没有默认值，在没对其进行初始化之前不能使用，否则报错。

案例：

```
package com.itlaoxie.PersonDemo;

public class Person {
    // 成员变量（属性）
    public String name;
    public int age;

    // 成员方法
    public void testMetmod(String str){
        int num;
        // num 和 str 都是局部变量
        // 其中 str 是方法的形参，形参也是局部变量
    }
}
```

9.3.3 成员方法与普通方法

- 成员方法

    没有 static 关键字修饰，通过对象 . 的方式进行调用。

- 静态方法

  用 `static` 关键字修饰的方法为静态方法，不能通过对象调用，而是通过 类名 . 的方式调用。

9.3.4 对象间的赋值

对象间的赋值其实就相当于给对象起了一个别名。

实际上，赋值过程是用一个对象 new 出来的地址来给另一个对象进行赋值，起内部存储作用的仍然是地址值，Java 在访问对象成员时使用的方式就是（ 地址 . 成员 ），所以相当于起别名。

```
/*==========A.java============*/
public class A{
    int a = 10;
    int b = 20;
}
/*==========Run.java============*/
A a = new A();
A b = a;
b.b = 220;
a.a = 110;
System.out.println(b.a);      // 110
System.out.println(a.b);      // 220
```

9.3.5 方法中对象的使用

把对象作为方法调用时的参数进行传递，相当于用实参为形参赋值。

案例源码：Person.java。

```
public class Person{
    String name = " 人类 ";
}
```

案例源码：Test.java。

```
public class Test{
    public static void main(String[] args){
        Person p = new Person();
        showPersonType(p);
```

```
    }
    public static void showPersonType(Person p){
        System.out.println(p.name);
    }
}
```

9.3.6 this 的用法

this 一般用于外部传入的参数或当前方法的局部变量，在与类中成员变量名冲突时，解决冲突问题。成员方法同变量一样。

通过 this. 的方式调用的内容都是当前类的成员属性或方法。

- 用法：this.成员变量名或 this.成员方法名 ()

```
package com.itlaoxie.PersonDemo;

public class Person {
    // 成员变量（属性）
    public String name = "小肆";

    // 成员方法
    public void eat(String name){
        // 这里直接调用的 name 是局部变量，外部传进来的是什么，输出的就是什么
        System.out.println(name + " 会吃！~");

        // 这里通过 this 关键字调用的 name
        // 如果外部没有通过对象对成员变量 name 的值进行修改，则输出的值将是默认值小肆
        System.out.println(this.name + " 也会吃！~");
    }
}
```

9.4 封装

★ 封装的表现手段

- 方法

  将一些功能整理到一个方法中，方便再次使用，提高代码的复用率。

- private

  将类中的一些成员私有化，保证成员数据的准确性。

  ○ set 和 get 方法。

   « set 方法：用来设置私有成员属性的值。

   « get 方法：用来获取私有成员属性的值。

  ○ set/get 方法可以通过开发工具自动生成，不同的开发工具的具体生成方式也不同，可以自行通过搜索引擎获取相关的快捷键或选项。

★ 示例

案例源码：com.itlaoxie.PersonDemo.Person.java。

```java
package com.itlaoxie.PersonDemo;

public class Person {
    public String name;
    private int age;

    /**
     * 公有成员方法，返回当前类中的成员变量 age
     * @return
     */
    public int getAge() {
        // 因为这是在类内，如果没有局部变量和成员变量 age 同名，this 关键词可以省略不写
        // 这里返回的是 age 中存储的值
        return age;
    }

    public void setAge(int age) {
        // 因为这是在类内，所以可以通过 this 关键字访问私有成员变量 age
        // 用形参（局部变量），也就是外部传递进来的值来为私有成员变量 age 进行赋值
        this.age = age;
    }
}
```

案例源码：com.itlaoxie.PersonDemo.Test.java。

```java
package com.itlaoxie.PersonDemo;

public class Test {
    public static void main(String[] args) {
        Person person = new Person();

        person.name = " 小肆 ";
        //person.age = 19; // age 为 person 的私有成员，不能在 Person 以外直接访问，
```

```
                                // 否则会报错
        person.setAge(17); // 通过类内的 public（公有）成员方法，间接访问私有成员
                           // 变量 age

        // 公有成员可以直接访问
        System.out.println("person.name = " + person.name);

        // 私有成员需要通过类内的公有成员方法间接获取
        System.out.println("person.age = " + person.getAge());
    }
}
```

注意： 我们发现，可以通过 `private` 将类成员私有化来进行封装，这样就不能在类外对其访问了。这不就是不让用了吗？另外，还可以使用公有成员方法对其进行间接访问。这不又多此一举吗？封装的目的并不是不让你用，可以间接访问更不是多此一举，而是为了让你更好、更安全地使用私有成员。比如年龄，如果外部访问的时候给了一个不合法的值，那么应该如何处理？如果使用了公有成员方法对其间接访问，就可以在这个公有成员方法体内对传递进来的参数做判断。如果合法，那么就给予赋值操作；如果不合法，则做出对应的错误处理。这才是封装的实际意义。

9.5 构造方法

1. 构造方法的特点

（1）与类同名。

（2）无返回值。

（3）如果不手动创建构造方法，则系统会默认生成一个无参构造方法。

（4）构造方法不需要手动调用，在类创建对象时会被自动调用。

（5）如果手动创建了任意带参构造方法，则系统不会再生成无参构造方法。

（6）构造方法支持重载。

示例如下。

```
package com.itlaoxie.PersonDemo;

public class Person {
    public String name;
```

```java
    private int age;

    public Person() {
    }

    public Person(String name) {
        this.name = name;
    }

    public Person(int age) {
        this.age = age;
    }

    public Person(String name, int age) {
        this.name = name;
        this.age = age;
    }
}
```

2. 构造方法的用处

初始化类中的成员属性，尽量在类中使用 set 方法对成员属性赋值。

9.6 案例

下面设计一个猜拳小游戏（对象版）。

需求：

（1）在控制台提示用户输入出拳结果（1 为石头，2 为剪刀，3 为布）。

（2）计算机生成出拳结果。

（3）裁判判断出拳结果。

（4）输出游戏结果。

案例源码：com.itlaoxie.Judge.java。

```java
package com.itlaoxie;

public class Judge {
    private int player1;      // 选手一的出拳结果：1 为石头，2 为剪刀，3 为布
    private int player2;      // 选手二的出拳结果：1 为石头，2 为剪刀，3 为布
```

```java
    private String caiQuanJieGuo;                    // 判断结果

    public Judge(int p1, int p2){
        // 利用构造方法对选手的出拳结果进行初始化
        this.player1 = p1;
        this.player2 = p2;
    }

    // 做胜负判断
    public void doJudge(){
        if(player1 == player2){
            caiQuanJieGuo = " 平手 ";
        }else if(player1 == 1 && player2 == 2) {
            caiQuanJieGuo = " 电脑胜利 ";
        }else if(player1 == 3 && player2 == 1){
            caiQuanJieGuo = " 电脑胜利 ";
        }else if(player1 == 2 && player2 == 3){
            caiQuanJieGuo = " 电脑胜利 ";
        }else{
            caiQuanJieGuo = " 选手胜利 ";
        }
    }

    // 以下为自动生成的 set 和 get 方法
    public int getPlayer1() {
        return player1;
    }

    public void setPlayer1(int player1) {
        this.player1 = player1;
    }

    public int getPlayer2() {
        return player2;
    }

    public void setPlayer2(int player2) {
        this.player2 = player2;
    }

    public String getRes() {
        return caiQuanJieGuo;
    }
}
```

案例源码：com.itlaoxie.Demo02CQPlayer.java。

```java
package com.itlaoxie;

// 玩家类
public class Player {
    private String name;
    private int res;

    // 无参构造方法
    public Player(){

    }

    // 带参构造方法，实例化对象时直接初始化成员变量 name
    public Player(String name){
        this.name = name;
    }

    // 以下为 set 方法和 get 方法
    public String getName() {
        return name;
    }

    public void setName(String name) {
        this.name = name;
    }

    public int getRes() {
        return res;
    }

    // 通过封装实现对出拳结果的限制
    public void setRes(int res) {
        switch (res){
            // 如果出拳结果是 1、2、3，则说明是合法值
            case 1: case 2: case 3:
                this.res = res;
                break;
            default:
                System.out.println("出拳错误！~");
                return;
        }
    }
}
```

案例源码：com.itlaoxie.Demo02CQRun.java。

```java
package com.itlaoxie;

import java.util.Random;
import java.util.Scanner;

public class Run {
    public static void main(String[] args) {
        Player player1 = new Player(" 电脑 ");
        Player player2 = new Player(" 小肆 ");
        String[] res = {" 石头 ", " 剪刀 ", " 布 "};

        // 选手一：出拳，利用随机数生成 1~3 的值
        Random r = new Random();
        // r.nextInt(3) 得到的是 3 以内的值，也就是 0 到 2，如果将这个范围 +1，得到的就
        // 是 1 到 3
        player1.setRes(r.nextInt(3) + 1);

        System.out.println(" 请 " + player2.getName() + " 出拳：（1：石头、2：剪刀、
3：布）");
        Scanner s = new Scanner(System.in);
        player2.setRes(s.nextInt());

        Judge judge = new Judge(player1.getRes(), player2.getRes());
        judge.doJudge();// 裁判在判断

        // 输出结果
        System.out.println(player1.getName() + ":"
                        + res[player1.getRes() - 1] + " VS "
                        + player2.getName() + ":"
                        + res[player2.getRes() - 1] + "\n"
                        + judge.getRes());
    }
}
```

第 10 章
/
继承

10.1　继承的作用（意义）

共性抽取：子类抽取父类中 `public`、`protected` 修饰的成员（成员属性和成员方法）。

在一个类中，`public` 修饰的成员为公有成员，`protected` 修饰的成员为受保护的成员，当一个子类继承了某一个父类的时候，子类中会同时有父类中用 `public` 和 `protected` 修饰的成员。

Java 中的继承，我们把被继承的类称为"父类"或者"基类"，当然继承了其他类的类就称为"子类"或者"派生类"。这里需要注意，虽然这种语法结构叫作继承，但是和我们生活中的继承有很大区别。在生活中，儿子如果继承了父亲的产业，此时父亲就没有产业了，因为产业只有一份，如果给了儿子，那么父亲就没有了。但 Java 中的继承是，子类继承了父类中的 `public` 和 `protected` 成员的时候，子类拥有了这些成员，父类同时也拥有这些成员。所以 Java 中的继承相当于师徒之间的关系。徒弟继承了师傅的本领，同时师傅的本领也不会受到削减。

10.2　继承的特点

子类可以继承（拥有）父类中 `public`、`protected` 修饰的所有成员，并且子类也可以有自己的成员，自己的成员在父类中是不可使用的。

例如，李小龙是叶问的徒弟，李小龙学会了叶问的咏春拳，同时李小龙又自创了截拳道。那么李小龙拥有师父叶问的咏春拳技能，但是叶问却不拥有李小龙自创的截拳道技能。

10.3　继承的格式

`Fu.java`——父类的定义，格式如下。

```
public class Fu{
    // 父类成员 ...
}
```

`Zi.java`——子类的定义，格式如下。

```
public class Zi extends Fu{
    // 子类成员 ...
}
```

10.4　继承间成员的访问

10.4.1　父类、子类、局部变量名重复、冲突时的访问规则

`Fu.java` 的代码如下。

```
// 定义父类
public class Fu{
    // 父类中的公有成员属性
    public String name = " 父亲 ";

    // 父类中的公有成员方法
    public void show(){
        System.out.println(" 父类 show");
    }
}
```

`Zi.java` 的代码如下。

```
public class Zi extends Fu{
    // 子类中的公有成员属性
    public String name = " 儿子 ";

  /*
   子类中重写父类中的成员方法
```

```
如果子类中的方法与被继承父类中的方法名相同，那么就是方法的重写，表示将重新定义父类中的方法
通常在 Java 中，重写的方法需要添加 @Override 注解来进行修饰，帮助我们检查重写方法的定义是
否规范
当然 @Override 也可以省略不写，那么 Java 就不会帮我们做重写方法的规范检测
*/
    @Override
    public void show(){
        System.out.println(" 子类 show");
        /*
        假设需要在成员方法里访问成员属性 name，那么：
        使用父类中 name 的写法是 super.name，其中 super 关键字的作用是调用父类对象
        使用自己类中的 name 的写法是 this.name
        假设当前方法体内存在一个局部变量 name，那么使用这个局部变量 name 的写法就是直接写
name 即可
        */
    }
}
```

`Run.java` 的代码如下。

```
public class Run{
    public static void main(String[] args){
        Zi z = new Zi();// 实例化子类对象
        String name = "Run";// 定义局部变量字符串，并初始化为 Run

        System.out.println(name);// 输出结果：Run（局部变量）
        System.out.println(z.name);// 输出结果：儿子（子类中的成员属性覆盖父类）
        z.show();// 输出结果：子类 show（子类中的成员方法重写覆盖父类）
        show();// 输出结果：Run 类 show（当前类中的普通静态成员方法）

        Fu f = new Fu()// 实例化父类对象
        System.out.println(f.name);    // 父亲（父类中的成员属性覆盖父类）
        f.show();// 父类 show（父类中的成员属性覆盖父类）
    }
    public static void show(){
        System.out.println("Run 类 show");
    }
}
```

10.4.2　方法名重复时的访问规则——方法的重写

使用 super 和 this 关键字可以解决成员变量及成员方法重名冲突的问题。

● 　使用 super 和 this 与 . 相结合的时候，可以访问父类或者子类中的成员属性和

成员方法。

- `super()` 可以用来调用父类中的构造方法。

  注意：在实例化子类对象的时候，调用子类构造方法必须要先调用父类中的构造方法。

- `this()` 可以用来调用当前类中的其他构造方法。

案例源码：com.itlaoxie.extendsDemo.Fu.java。

```java
package com.itlaoxie.extendsDemo;

public class Fu {
    public Fu() {
        System.out.println("父类中的构造方法被调用了！");
    }
}
```

案例源码：com.itlaoxie.extendsDemo.Zi.java。

```java
package com.itlaoxie.extendsDemo;

public class Zi extends Fu{
}
```

案例源码：com.itlaoxie.extendsDemo.Run.java。

```java
package com.itlaoxie.extendsDemo;

public class Run {
    public static void main(String[] args) {
        Zi zi = new Zi();
    }
}
```

注意：在以上示例中，子类中并没有写任何构造方法，但是在实例化子类对象的时候，我们依然可以看到父类中的无参构造方法被执行了，也就是在定义子类继承父类的时候，Java 自动分配了一个无参构造方法，并且在调用这个子类的无参构造方法的时候，自动调用了父类中的无参构造方法，实际上子类中的代码形式应该如下：

```java
package com.itlaoxie.extendsDemo;
```

```
public class Zi extends Fu{
    /*
        如果在无参构造方法中不需要其他特殊的操作，则可以省略不写。Java会自动生成这部分
    代码
    */
    public Zi() {
        super();        // 在调用子类构造方法的时候，需要先调用父类中的构造方法
        // 如果在子类的无参构造方法中需要有一些特殊的初始化动作等，则可以写在调用父类构
        // 造方法的后边
    }
}
```

这是无参构造方法的结构，实际上带参构造方法的调用也是如此。如果需要向父类构造方法中传参，则直接将具体的参数写在 super() 的小括号里即可。

10.5   继承中的权限

在之前的章节中，我们接触到了 public 和 private 两个用于修饰权限的关键词，实际上在 Java 中，还有另外两个用于修饰权限的关键词，那就是 protected 和 default，其中 default 关键词在定义成员的时候都是省略不写的，所以如果在代码中发现没有修饰符修饰权限的成员，那么就是 default 权限的。被这些权限修饰过的成员在哪里可以进行访问呢？具体说明如下表所示。

修饰符	类内部	同包内	子类内	其他
private	YES	NO	NO	NO
default	YES	YES	NO	NO
protected	YES	YES	YES	NO
public	YES	YES	YES	YES

第 11 章
/
抽象和接口

11.1 抽象（abstract）

本章我们将接触一个新的系统关键词——abstract。在 Java 中，abstract 是一个修饰符，用 abstract 修饰的类叫作抽象类，用 abstract 修饰的方法叫作抽象方法。本章介绍一些它的使用规则，我们只要在以后的应用中按照对应的规则来使用即可。

11.1.1 abstract 修饰符

- 用 abstract 修饰的方法叫作抽象方法，不能有方法体。
- 拥有抽象方法的类必须是抽象类。
- 抽象类中可以存在不是抽象方法的普通方法。
- 抽象类必须被继承。

  抽象类中会存在抽象方法，抽象方法是没有方法体的，如果不被继承，不在子类中对其进行重写，则这个抽象方法的存在也就没有意义，所以抽象类都是要被继承的。其中抽象方法的方法体是在子类中重写的。

- 抽象方法必须在子类中重写。
- 抽象类不能直接创建对象，需要通过子类对象进行调用。

11.1.2 举例说明

- 图形：只要是图形，就有计算面积和周长的方法，但是计算的公式却不相同。

- 动物：每种动物都能够吃和运动，但是不同的动物吃的东西不同，运动的方式也不同。

以图形和动物为例，它们都有固定的行为，但是行为的具体形式不同，在程序中类似的问题就可以通过抽象的方式来表现。

11.1.3　案例

案例源码：com.itlaoxie.AnimalDemo.Animal.java。

```java
package com.itlaoxie.AnimalDemo;

/***
 * 定义一个动物类，包含两个构造方法和一个普通的成员方法
 */
public abstract class Animal {
    abstract void eat();    // 抽象方法：吃
    abstract void sport();  // 抽象方法：运动

    public void drink(){    // 普通方法：喝水
        System.out.println(" 动物喝水 ");
    }
}
```

案例源码：com.itlaoxie.AnimalDemo.Cat.java。

```java
package com.itlaoxie.AnimalDemo;

/**
 * 定义一个猫类去继承动物类，并同时实现动物类中的所有抽象方法
 * 注意：如果不实现动物类中的抽象方法，则Java会报错
 */
public class Cat extends Animal{
    @Override
    void eat() {
        System.out.println(" 猫吃鱼 ");
    }

    @Override
    void sport() {
        System.out.println(" 猫会上树 ");
    }
}
```

案例源码：com.itlaoxie.AnimalDemo.Dog.java。

```java
package com.itlaoxie.AnimalDemo;

/**
 * 定义一个狗类去继承动物类，并同时实现动物类中的所有抽象方法
 * 注意：如果不实现动物类中的抽象方法，则 Java 会报错
 */
public class Dog extends Animal{
    @Override
    void eat() {
        System.out.println(" 狗吃骨头 ");
    }

    @Override
    void sport() {
        System.out.println(" 狗会跑 ");
    }
}
```

案例源码：com.itlaoxie.AnimalDemo.Run.java。

```java
package com.itlaoxie.AnimalDemo;

public class Run {
    public static void main(String[] args) {
        Cat cat = new Cat();      // 实例化猫对象
        cat.eat();          // 猫吃鱼
        cat.sport();        // 猫会上树
        cat.drink();        // 动物喝水

        Dog dog = new Dog();      // 实例化狗对象
        dog.eat();          // 狗吃骨头
        dog.sport();        // 狗会跑
        dog.drink();        // 动物喝水
    }
}
```

11.2　接口（interface）

接口（`interface`）是一种公共的规范，是一种引用数据类型。

11.2.1　接口的定义

定义接口的代码如下。

```
public interface 接口名称 {
    /* 成员 */
}
```

11.2.2　接口中的成员

1. 接口中的常量

- 格式：`public static final 常量名称 = 值`

- 注意事项

  - final 修饰的常量不能改变。
  - 接口中的常量必须赋值。
  - 常量使用大写字母、匈牙利命名法（如 OPEN_DOOR）。

2. 接口中的抽象方法

接口中的抽象方法必须用 `public abstract` 修饰（可以省略）。

3. 接口中的默认方法

- 格式：`public default 返回值类型 方法名（参数列表）{ 方法体 }`

- 注意事项

  - 用于接口升级。
  - 通过实现类的对象可以直接调用接口中的默认方法。
  - 默认方法也可以在实现类中进行重写。
  - 使用 Java 8.0 以上版本（包括）。

4. 接口中的静态方法

- 格式：`public static 返回值类型 方法名（参数列表）{ 方法体 }`

- 注意事项

  - 不能通过对象进行调用。

    ○ 通过类名直接调用。

    ○ 使用 Java 8.0 以上版本（不包括）。

5. 接口中的私有方法

● 格式：`private [static]` 返回值类型 方法名（参数列表）{}

● 注意事项

    ○ 私有方法只供在本类中使用。

    ○ 普通私有方法：解决普通 default 方法间的代码复用问题。

    ○ 静态私有方法：解决静态 default 方法间的代码复用问题。

    ○ 使用 Java 8.0 以上版本（不包括）。

11.3 接口的实现

11.3.1 实现接口的格式

实现接口的格式如下。

```
public class 类名称 implements 接口名称 {
    /*......*/
}
```

● 注意事项

    ○ 实现接口的类中必须重写接口中所有的抽象方法。

    ○ 通过创建"实现类"对象来调用接口中的成员。

    ○ 如果实现类中没有重写接口中所有的抽象方法,那么这个类一定是一个抽象类。

11.3.2 一个类可以同时实现多个接口

代码如下。

```
public class 类名 implements 接口名 1, 接口名 2{
    /*......*/
}
```

- 注意事项

  - 实现多个接口的时候需要重写所有接口中的所有方法。

  - 如果存在重复的默认方法，那么必须对重复的方法进行重写。

11.3.3　接口的多继承

代码如下。

```
public interface 接口名 extends 接口名1, 接口名2{
    /*......*/
}
```

- 注意事项

  如果 default 方法重名，则需要重写 default 方法（子接口必须对 default 方法进行重写，不能省略 default）。

11.3.4　一个类可以在继承其他类的同时实现一个或多个接口

代码如下。

```
public class 子类名 extends 父类名 implements 接口名1, 接口名2{
    /*......*/
}
```

注意事项：

- 子类中必须重写所有接口中的抽象方法。

- 若父类是抽象类，那么同样需要重写父类中的抽象方法。

- 若父类中与接口中的方法重名，则优先执行父类中的方法。

11.4　final 的使用

- 修饰类：用 final 修饰的类不能被继承。

- 修饰局部变量：用 final 修饰的局部变量一旦被赋值，就不允许修改。

- 修饰成员变量：用 final 修饰的成员变量必须初始化一个值。

- ○ 直接赋值。

- ○ 构造方法赋值。

- 修饰方法：用 final 修饰的方法不能被重写。

11.5 案例

11.5.1 Demo01

案例源码：com.itlaoxie.demo01.Animal.java。

```java
package com.itlaoxie.demo01;

/**
 * @ClassName Animal
 * @Description:TODO
 */
public interface Animal {
    // 定义接口中的常量，必须在定义的时候对其进行初始化
    // 其中 public static final 可以省略不写，也就是说接口中只支持常量的定义和初始化
    public static final String TYPE = "动物";

    // 接口中的成员方法
    void eat();
    void sport();
    void sleep();

    /**
     * 接口中的默认方法，用 default 修饰的方法是需要重写方法体的
     * 针对接口功能的升级，通常可以使用默认方法来实现
     */
    default void showMe(){
        System.out.println("我是一个快乐的小" + TYPE);
    }
}
```

案例源码：com.itlaoxie.demo01.Cat.java。

```java
package com.itlaoxie.demo01;
```

```java
/**
 * @ClassName Cat
 * @Description:TODO Animal 的实现类
 */
public class Cat implements Animal{
    // @Override 注解的作用是在编译过程中为我们提示错误信息
    // 在实现类中需要对接口中的抽象方法依次进行重写
    @Override
    public void eat() {
        // this. 接口中的方法 — 调用
        this.showMe();
        System.out.println(" 猫喜欢抓鱼, 吃鱼！~");
    }

    @Override
    public void sport() {
        System.out.println(" 猫有自己独特的运动方式就是走猫步！~");
    }

    @Override
    public void sleep() {
        System.out.println(" 猫喜欢趴在软绵绵的窝里睡觉！~");
    }
}
```

案例源码：com.itlaoxie.demo01.Dog.java。

```java
package com.itlaoxie.demo01;

/**
 * @ClassName Dog
 * @Description:TODO Animal 的实现类
 */
public class Dog implements Animal{
    @Override
    public void eat() {
        System.out.println(" 汪汪爱吃骨头！~");
    }

    @Override
    public void sport() {
        System.out.println(" 狗狗喜欢奔跑！~");
    }

    @Override
```

```
    public void sleep() {
        System.out.println(" 狗狗在哪儿都能睡着！ ~");
    }
}
```

案例源码：com.itlaoxie.demo01.Person.java。

```
package com.itlaoxie.demo01;

/**
 * @ClassName Person
 * @Description:TODO Animal 的实现类（抽象类）
 */
public abstract class Person implements Animal{
    public void showMe(){
        System.out.println(" 我是人类！ ~");
    }
    public abstract void methodAbs(); // 实现类的抽象方法，需要在子类中重写
}
```

案例源码：com.itlaoxie.demo01.Teacher.java。

```
package com.itlaoxie.demo01;

/**
 * @ClassName Teacher
 * @Description:TODO Person 类的子类
 */
public class Teacher extends Person{
    // 重写父类抽象类及父类所实现的 Animal 接口中没有被重写的抽象方法
    @Override
    public void eat() {
        System.out.println(" 老师喜欢吃馒头！ ~");
    }

    @Override
    public void sport() {
        System.out.println(" 去食堂买馒头！ ~");
    }

    @Override
    public void sleep() {
        System.out.println(" 睡觉的时候，梦里还在钻研数学！ ~");
    }
```

```
    // 重写父类抽象类中没有方法体的抽象方法
    @Override
    public void methodAbs() {
        System.out.println(" 我是人类当中的抽象方法，在 Teacher 类当中的重写 ");
    }
}
```

案例源码：com.itlaoxie.demo01.AnimalTest.java。

```
package com.itlaoxie.demo01;

/**
 * @ClassName AnimalTest
 * @Description:TODO 测试类
 */
public class AnimalTest {
    public static void main(String[] args) {
        // 静态成员的访问方式，使用类名 . 成员
        // 使用 static 修饰的成员，在类首次出现的时候就会被加载，可以通过类名 . 成员名
        // 的方式直接使用
        System.out.println(Cat.TYPE);
        // 实例化 Cat 类的对象
        Cat cat = new Cat();
        cat.eat();
        cat.sport();
        cat.sleep();

        System.out.println("===================================");

        System.out.println(Dog.TYPE);
        // 实例化 Dog 类的对象
        Dog dog = new Dog();
        dog.eat();
        dog.sport();
        dog.sleep();

        System.out.println("===================================");

        // 实例化 Teacher 类的对象
        Teacher teacher = new Teacher();
        teacher.eat();
        teacher.sport();
        teacher.sleep();
```

```
        teacher.showMe();
        teacher.methodAbs();
    }
}
```

11.5.2 Demo02

案例源码：com.itlaoxie.demo02.Programmer.java。

```java
package com.itlaoxie.demo02;

/**
 * @ClassName Programmer
 * @Description:TODO 程序员
 */
public interface Programmer {
    void editCode();
}
```

案例源码：com.itlaoxie.demo02.Teacher.java。

```java
package com.itlaoxie.demo02;

/**
 * @ClassName Teacher
 * @Description:TODO 老师
 */
public interface Teacher {
    void teach();
}
```

案例源码：com.itlaoxie.demo02.ITLaoXie.java。

```java
package com.itlaoxie.demo02;

/**
 * @ClassName ITLaoXie
 * @Description:TODO 一个类同时实现两个接口
 */
public class ITLaoXie implements Teacher, Programmer{
    private String name;

    public ITLaoXie(String name) {
```

```java
        this.name = name;
    }

    @Override
    public void editCode() {
        System.out.println(this.name + "会讲课");
    }

    @Override
    public void teach() {
        System.out.println(this.name + "会编码");
    }
}
```

案例源码：com.itlaoxie.demo02.Demo03Test.java。

```java
package com.itlaoxie.demo02;

/**
 * @ClassName Demo02Test
 * @Description:TODO
 */
public class Demo02Test {
    public static void main(String[] args) {
        ITLaoXie laoXie = new ITLaoXie("IT老邪");
        laoXie.teach();
        laoXie.editCode();
    }
}
```

11.5.3　Demo03

案例源码：com.itlaoxie.demo03.Programmer.java。

```java
package com.itlaoxie.demo03;

/**
 * @ClassName Programmer
 * @Description:TODO 程序员接口
 */
public interface Programmer {
    void editCode();
}
```

案例源码：com.itlaoxie.demo03.Teacher.java。

```java
package com.itlaoxie.demo03;

/**
 * @ClassName Teacher
 * @Description:TODO 老师接口
 */
public interface Teacher {
    void teach();
}
```

案例源码：com.itlaoxie.demo03.ProgrammerTeacher.java。

```java
package com.itlaoxie.demo03;

/**
 * @ClassName ProgrammerTeacher
 * @Description:TODO 编程老师接口，同时继承程序员接口和老师接口
 */
public interface ProgrammerTeacher extends Programmer, Teacher{
}
```

案例源码：com.itlaoxie.demo03.ProgrammerTeacherImpl.java。

```java
package com.itlaoxie.demo03;

/**
 * @ClassName ProgrammerTeacherImpl
 * @Description:TODO
 */
public class ProgrammerTeacherImpl implements ProgrammerTeacher{
    @Override
    public void editCode() {
        System.out.println(" 程序员老师会编码 ");
    }

    @Override
    public void teach() {
        System.out.println(" 程序员老师会讲课 ");
    }
}
```

案例源码：com.itlaoxie.demo03.Demo03Test.java。

```java
package com.itlaoxie.demo03;

/**
 * @ClassName Demo03Test
 * @Description:TODO
 */
public class Demo03Test {
    public static void main(String[] args) {
        ProgrammerTeacherImpl programmerTeacher = new ProgrammerTeacherImpl();
        programmerTeacher.teach();
        programmerTeacher.editCode();
    }
}
```

第 12 章
/
多态

多态就是同一种事物存在不同的形态，如 H_2O（氢氧化合物）。

- 水：液态的表现形式。
- 冰：固态的表现形式。
- 蒸汽：气态的表现形式。

在程序中，多态就是用父类的对象存储子类的对象。也就是说，在多态的使用中，一定要存在继承关系。

12.1　格式

格式如下。

```
父类名 对象名 =new 子类名 ();
父类接口名 对象名 = new 子类名 ();
```

12.2　多态调用成员方法

编译看左：编译器在编译时根据等号左边的类来界定对象的类型。

运行看右：在运行访问成员方法的时候，根据等号右边实例化的对象来访问相应的成员方法。

注：在后面的案例中会有具体的代码演示。

12.3　多态调用成员属性

编译和运行都看左：编译器在编译时根据等号左边的类来界定对象的类型，在访问的时候，也是根据等号左边的类来访问相应的成员变量。

注：在后面的案例中会有具体的代码演示。

12.4　对象的上下转型

1. 向上转型

向上转型就是创建一个子类对象，把它当作父类对象来使用。

- 注意事项
  - 向上转型一定是安全的。
  - 弊端：无法调用子类的特有方法。

2. 向下转型

向下转型就是还原子类对象，用强制类型转换的方式实现。

- 注意事项
  - 谁 "new" 的就还原成谁。
  - 还原之前使用 `对象名 instanceof 类名` 进行判断，避免出错。

12.5　案例

12.5.1　动物案例

案例源码：com.itlaoxie.demo01.Animal.java。

```
package com.itlaoxie.demo01;

/**
 * @ClassName Animal
```

```
 * @Description:TODO 动物类
 */
public class Animal {
    public String name = "动物";

    public void eat(){
        System.out.println("动物都会吃食物！~");
    }
}
```

案例源码：com.itlaoxie.demo01.Cat.java。

```
package com.itlaoxie.demo01;

/**
 * @ClassName Cat
 * @Description:TODO Animal 的子类
 */
public class Cat extends Animal{
        // 这里的两个成员变量在其他位置并没有使用，只是象征性地写在这里
    public String name = "猫";
    public String maxAge = "15岁";

    @Override
    public void eat() {
        System.out.println("猫喜欢吃鱼");
    }

    public void jump(){
        System.out.println("猫会跳！~");
    }
}
```

案例源码：com.itlaoxie.demo01.Dog.java。

```
package com.itlaoxie.demo01;

/**
 * @ClassName Dog
 * @Description:TODO Animal 的子类
 */
public class Dog extends Animal{
    public void jump(){
```

```
        System.out.println(" 狗狗也会跳! ~");
    }
}
```

案例源码：com.itlaoxie.demo01.DemoTest.java。

```java
package com.itlaoxie.demo01;

/**
 * @ClassName DemoTest
 * @Description:TODO 测试类
 */
public class DemoTest {
    public static void main(String[] args) {
        // Cat cat=new Cat();
        // 父类的对象存储子类的引用
        Animal animal = new Cat();
        // 在使用多态访问成员变量的时候
        // 编译器在编译时根据等号左边的类来界定对象的类型
        // 在访问的时候，也是根据等号左边的类来访问相应的成员变量
        // 编译看左，运行也看左
        System.out.println(animal.name);
        // System.out.println(animal.maxAge);

        System.out.println("=================================");

        // 在使用多态访问成员方法的时候
        // 编译器在编译时根据等号左边的类来界定对象的类型
        // 在运行访问成员方法的时候，根据等号右边实例化的对象来访问相应的成员方法
        // 编译看左，运行看右
        animal.eat();
        // animal.jump();

        System.out.println("==========================");

        // 向下转型
        // 判断一个对象是不是属于某一个类，如果是，则返回 true
        if(animal instanceof Cat)
            ((Cat)animal).jump();

        if (animal instanceof Dog) // 在做向下转型之前，先判断转型的类型是否合法
            ((Dog)animal).jump();  // ClassCastException- 类型转换异常
    }
}
```

12.5.2　USB 设备实例

案例源码：com.itlaoxie.demo02.USB.java。

```java
package com.itlaoxie.demo02;

// 定义一个抽象类，内部包括两个抽象方法，需要在子类中实现
public abstract class USB {
    public abstract void on();
    public abstract void off();
}
```

案例源码：com.itlaoxie.demo02.Mouse.java。

```java
package com.itlaoxie.demo02;

public class Mouse extends USB{
    @Override
    public void on() {
        System.out.println("USB 鼠标被插入……驱动安装完成！~");
    }

    @Override
    public void off() {
        System.out.println("USB 鼠标被移除！~");
    }

    public void leftClick(){
        System.out.println(" 鼠标左键被点击了 ");
    }
    public void rightClick(){
        System.out.println(" 鼠标右键被点击了 ");
    }
    public void doubleClick(){
        System.out.println(" 鼠标被双击了 ");
    }
}
```

案例源码：com.itlaoxie.demo02.Keyboard.java。

```java
package com.itlaoxie.demo02;

public class Keyboard extends USB{
    @Override
    public void on() {
```

```
        System.out.println("USB键盘被插入……驱动安装完成！~");
    }

    @Override
    public void off() {
        System.out.println("USB键盘被移除！~");
    }

    public void inputting(){
        System.out.println("键盘正在输入……ing!~");
    }
}
```

案例源码：com.itlaoxie.demo02.Computer.java。

```
package com.itlaoxie.demo02;

public class Computer {
    public void open(){
        System.out.println("开机了");
    }
    public void close(){
        System.out.println("关机了");
    }

    /*****
     * 通过该方法使用USB设备
     *@param dev 插入电脑的设备
     */
    public void useDevice(USB dev){
        dev.on();
        if (dev instanceof Mouse){
            ((Mouse) dev).leftClick();
            ((Mouse) dev).rightClick();
            ((Mouse) dev).doubleClick();
        }else if(dev instanceof Keyboard){
            ((Keyboard) dev).inputting();
        }
        dev.off();
    }
}
```

案例源码：com.itlaoxie.demo02.RunTest.java。

```
package com.itlaoxie.demo02;

public class RunTest {
    public static void main(String[] args) {
        Computer com = new Computer();
        com.open();// 开机
        com.useDevice(new Mouse());// 使用鼠标
        System.out.println("=================");
        com.useDevice(new Keyboard());// 使用键盘
        com.close();// 关机
    }
}
```

注：以上案例都是使用抽象类来实现的，那么你能不能通过接口实现同样的程序效果？动手来试一试吧！

第 13 章
/
内部类

13.1　内部类的概述

内部类：在一个类中定义另一个类，这个在类中被定义的类就叫作内部类。

13.1.1　内部类的定义格式

内部类定义格式的代码如下。

```
public class 类名 {
        /* 修饰符 */class 内部类名 {
    // 成员……
    }
}
```

13.1.2　内部类的访问特点

- 内部类可以直接访问外部类的成员，包括私有成员。
- 外部类要访问内部类的成员，必须要创建对象。

示例如下。

```
// 外部类 Demo
public class Demo {
    // 外部类成员
```

```java
    private int num = 9527;

    // 定义内部类 Inner
    public class Inner{
        // 内部类成员方法
        public void showNum(){
            // 在内部类中访问外部类的成员属性
            System.out.println(num);
        }
    }

    // 外部类成员方法
    public void method(){
        // 在外部类的成员方法中使用内部类需要实例化内部类对象
        Inner inner = new Inner();
        inner.showNum(); // 通过内部类对象调用外部类成员方法
    }

    // 主方法
    public static void main(String[] args) {
        // 实例化匿名对象，调用成员方法
        new Demo().method();
    }
}
```

13.2　内部类的分类

根据内部类在类中定义的位置不同，可以分为以下两种形式。

- 在类的成员位置：成员内部类。

- 在类的局部位置：局部内部类。

13.2.1　成员内部类

Outer.java 的代码如下。

```java
// 外部类
public class Outer {
    // 内部类成员
    private int num = 9527;
```

```java
// 定义成员内部类
public class Inner{
    // 内部类成员方法
    public void show(){
        // 在内部类中调用外部类成员
        System.out.print(num);
    }
}

// 外部类成员方法
public void method(){
    // 实例化内部类对象
    Inner inner = new Inner();
    // 通过内部类对象调用成员方法
    inner.show();
}
}
```

TestDemo.java 的代码如下。

```java
public class TestDemo {
    public static void main(String[] args) {
        // 创建内部类对象并调用方法
        Outer.Inner inner = new Outer().new Inner();
        inner.show(); // 直接访问内部类成员

        // 间接访问内部类成员
        Outer outer = new Outer();
        outer.method(); // 在外部类成员方法中调用了内部类中的成员方法 show()
    }
}
```

13.2.2　局部内部类

Outer.java 的代码如下。

```java
// 外部类
public class Outer {
    // 外部类中的成员属性
    private int num = 9527;

    // 外部类中的成员方法
    public void method(){
```

```
        int num = 1314; // 内部类变量会覆盖外部类成员
        // 不写修饰符 ( 在成员方法中定义的内部类为局部内部类 )
        class Inner{
            // 内部类中的成员方法
            public void show(){
                System.out.println(num); // 这里输出的值会是多少呢
                // 通过运行测试，可以得到结果，不过要带着思考去测试结果，得到自己的结论
            }
        }

        // 实例化局部内部类对象
        Inner inner = new Inner();
        // 通过对象调用内部类方法
        inner.show();
    }
}
```

TestDemo.java 的代码如下。

```
public class TestDemo {
    public static void main(String[] args) {
        // 创建外部类对象并间接调用内部类
        Outer outer = new Outer();
        outer.method();
    }
}
```

13.2.3　匿名内部类

前提：存在一个类或者接口，这里的类可以是具体的类，也可以是抽象类。

本质：匿名内部类实际上就是一个继承该类或者实现该类接口的子类匿名对象。

1. 格式

匿名内部类格式的代码如下。

```
new 类名 / 接口名 (){
    重写方法;
}
```

示例如下。

```
new Inter(){
```

```
    public void show(){
        // 方法体
    }
}
```

2. 案例

Inner.java 的代码如下。

```
// 定义一个接口
public interface Inter {
    void show();
}
```

Outer.java 的代码如下。

```
// 定义一个外部类
public class Outer {
    public void method() {
        /*
        // 此为常规实例化对象的方法，只不过其中使用了匿名内部类的方式
        Inter inter = new Inter(){
            @Override
            public void show(){
                System.out.println("匿名内部类对象");
            }
        };

        inter.show();
        */

        // 此为匿名对象实例化的方式，通过匿名对象直接调用 show() 方法
        new Inter(){
        @Override
            public void show(){
                System.out.println("匿名内部类对象");
            }
        }.show();

        /*
        Inner 是一个接口，接口中包含一个抽象方法 show
        接口不能直接使用，需要通过实现类对接口中的抽象方法进行重写之后才能正常使用在使用匿名
        内部类的时候，我们可以在实例化接口对象时直接通过内部类的形式对其接口中的抽象方法进行
        重写
```

```
     当然匿名内部类也可以重写其他普通方法
     */
   }
}
```

TestDemo.java 的代码如下。

```
//TestDemo.java===============================================
public class TestDemo {
   public static void main(String[] args) {
       // 创建外部类对象并间接调用内部类
       Outer outer = new Outer();
       outer.method();
   }
}
```

3. 实际应用

Running.java——这是一个跑的接口，里面只有一个抽象方法。

```
public interface Running {
   void run();
}
```

WhoRun.java——这个类中描述了谁在跑。

```
public class WhoRun {
   public void show(Running r){
       r.run();
   }
}
```

Dog.java——这个类实现了跑的接口，当然这个类可以是各种动物，甚至是交通工具。

```
public class Dog implements Running{
   @Override
   public void run() {
       // 在方法的重写中输出具体跑的形式
       System.out.println(" 狗在叼着骨头跑！ ");
   }
}
```

TestDemo.java 的代码如下。

```java
public class TestDemo {
    public static void main(String[] args) {
        // 实例化对象，用于调用 show() 方法
        WhoRun wr = new WhoRun();

        // 实例化 Dog 对象
        Dog dog = new Dog();

        // 告诉 wr 对象是 dog 在跑
        wr.show(dog);

        // 当然也可以通过匿名内部类得到匿名对象的形式传递参数
        wr.show(new Running() {
            @Override
            public void run() {
                System.out.println(" 猫在叼着鱼跑！ ");
            }
        });
    }
}
```

第 14 章
/
常用类

14.1　包装类

在 Java 中，所有的数据都可以以对象的形式存在，在之前学习过的各种数据类型中，只有 String 类型是引用数据类型，需要通过 new 的方式对其进行实例化，那么其他基本数据类型我们要如何获取它们的对象呢？当然是使用本章提到的包装类。为什么一定要使用包装类呢？因为包装类中会有一些方便我们处理数据的方法。每一个数据类型都有自己专属对应的包装类。

- 包装类对照（如下表所示）

数据类型	包装类
byte	Byte
int	Integer
short	Short
long	Long
char	Character
bool	Boolean
float	Float
double	Double

- 案例——查看整型数据的取值范围

```java
public static void main(String[] args) {
    System.out.println(" 最小值: " + Integer.MIN_VALUE);
    System.out.println(" 最大值: " + Integer.MAX_VALUE);
}
```

本节使用 Integer 类来举例，如下表所示。其他包装类的使用方法类似，读者自行测试即可。

方法名	说明
public Integer(int value)	根据 int 值创建对象（过时了,但可用）
public Integer(String s)	根据字符串创建对象（过时了,但可用）
public static Integer valueOf(int i)	根据整型值创建对象
public static Integer ValueOf(String s)	根据字符串创建对象

● 案例

```java
// 获取 Integer 对象
public static void main(String[] args) {
    // 过时的方法
    Integer i01 = new Integer(9527);
    System.out.println(i01);

    // 建议使用
    Integer i02 = Integer.valueOf("1314");

    // 会出现 NumberFormatException 异常
    // Integer i03 = Integer.valueOf("iceWan");

    System.out.println(i02);
    // System.out.println(i03);
}
```

● int 和 String 之间相互转换的代码

```java
public static void main(String[] args) {
    int num = 100;
    // int to String ============================
    // 方法 1
    String s1 = "" + 100;
    System.out.println(s1);
```

```
    // 方法2
    String s2 = Integer.toString(num);
    System.out.println(s2);

    // 方法3
    String s3 = String.valueOf(num);
    System.out.println(s3);

    // String to int ============================
    String s = "9527";

    // 方法1
    Integer i01 = Integer.valueOf(s);
    int n1 = i01.intValue();
    System.out.println(n1);

    // 方法2
    int n2 = Integer.parseInt(s);
    System.out.println(n2);
}
```

- 自动装箱和拆箱

  ○ 装箱：把基本数据类型转换为对应的包装类类型。

  ○ 拆箱：把包装类类型转换为对应的基本数据类型。

```
public static void main(String[] args) {
    // 装箱
    Integer i01 = Integer.valueOf(9527);       // 手动装箱
    Integer i02 = 100;                         // 自动装箱 JDK>1.5

    // 拆箱
    i02 = i01.intValue() + 9527;               // 手动拆箱
    i02 += 9527;                               // 自动拆箱

    System.out.println(i01);
    System.out.println(i02);

    Integer i03 = null;
    if (i03 != null)    // 解决空指针异常
        i03 += 9527;
}
```

14.2 String 类

无论是常量还是变量，只要是字符串，在 Java 中就都是字符串对象。

14.2.1 字符串类的特点

- 字符串是不可变的，它们的值在创建之后是不能被修改的。

  String 类型的字符串在定义之后，值是不能被修改的。所以 String 字符串也被称为不可变字符串。

  例如下面的代码。

```
String str = "Hello"; // 此时，Hello 这个字符串常量就已经有了属于自己固定的内存空间
str = "wrold"; // 此时只是将 str 指向 world 所在的地址，但原来的 Hello 仍然在内存中
// 所以真正变化的是 str 对象指向的内存地址，而不是字符串本身
```

- 虽然 String 的值是不可变的，但它们是可以共享的，例如下面的代码。

```
String str01 = "itlaoxie";
String str02 = "itlaoxie";
// 此时，str01 和 str02 共享 "itlaoxie" 这个字符串的地址，也就是说，无论访问的是 str01 还是
// str02，访问到的都是 "itlaoxie" 在内存中的同一个地址，获得的值也是相同的
```

- 字符串在效果上相当于字符数组（ char[] ）——JDK 版本 ≤ JDK8。
- 字符串的底层原理实际上是字节数组（ byte[] ）——JDK 版本 ≥ JDK9。

14.2.2 常用构造方法

String 的常用构造方法如下表所示。

方法名	说明
public String()	创建一个空白字符串对象，不含任何内容
public String(char[] chs)	根据字节数组内容来创建字符串对象
public String(byte[] bys)	根据字节数组内容来创建字符串对象
String str = "Hello"	用直接复制的方式创建字符对象，内容就是 Hello

- 案例

```java
public static void main(String[] args) {
    String s1 = new String();     // 空字符串
    System.out.println("s1 = " + s1);

    char[] chars = {'J','a','v','a'};
    String s2 = new String(chars);
    System.out.println("s2 = " + s2);

    byte[] bytes = {74, 97, 118, 97};
    // byte[] bytes = "Java".getBytes();
    // System.out.println(Arrays.toString(bytes));
    String s3 = new String(bytes);
    System.out.println("s3 = " + s3);

    String s4 = "JavaEE";
    System.out.println("s4 = " + s4);
}
```

14.2.3　String 对象的特点

- 通过 new 创建的字符串对象，每一次 new，JVM 都会申请一个新的内存空间，即使内容相同，但是地址不同。

- 以 "" 方式给出的字符串，只要字符序列相同（包括顺序和大小写），无论在程序中出现多少次，JVM 都只会建立一个 String 对象，并存放在字符串池中进行维护。

14.2.4　String 的比较

- 用 ==（关系运算符）做比较

  ○ 基本类型：比较数据值是否相同。
  ○ 引用类型：比较地址值是否相同。

- 用 `public boolean equals(String str)` 做比较

  ○ 将此字符串与给定字符串对象做比较，比较其中存储的内容是否相同。

- 案例

```java
public class Demo01 {
```

```java
public static void main(String[] args) {
    String str01 = "itlaoxie";
    String str02 = "itlaoxie";

    // 注意：这里 str01 和 str02 同时存储了 "itlaoxie" 这个字符串常量的地址，所以用 ==
    // 比较地址得到的结果是相同的
    System.out.println(str01 == str02); //true

    //==============================================

    String str03 = new String("itlaoxie");
    String str04 = new String("itlaoxie");

    // 注意：str03 和 str04 是使用 new 关键字实例化的对象，也就是说，这两个对象都分别开
    // 辟了内存空间，只不过空间内的值是相同的
    // 如果使用 == 比较两个对象，则比较的是它们的内存地址，因为内存地址是不同的，所以得
    // 到的结果就是 false
    System.out.println(str03 == str04); //false

    //==============================================

    // 注意：如果想比较两个 String 类型对象中存储的字符串内容是否相等，则需要使用 equals
    // 方法
    // 由于 str01 和 str02 存储的内容，以及 str03 和 str04 存储的内容分别是两两相等的，
    // 所以输出的结果都是 true
    System.out.println(str01.equals(str02)); //true
    System.out.println(str03.equals(str04)); //true
}
}
```

14.2.5 常用方法

常用方法如下表所示。

方法名	说明
public char charAt(int index)	返回给定索引位置的对应的字符
public int compareTo(String anotherString)	比较字符串的大小
public String concat(String str)	字符串连接
public boolean equals(Object anObject)	比较字符串是否相等
public byte[] getBytes()	返回字节数组

续表

方法名	说明
`public int indexOf(int ch)`	查找给定字符的所在位置
`public int length()`	返回字符串的长度
`public String[] split(String regex)`	拆分
`substring(int beginIndex, int endIndex)`	截取
`public char[] toCharArray()`	返回字符数组
`public String trim()`	去掉两端多余的空格
`public boolean isEmpty()`	判断是否为空串

14.2.6 示例

- `public int length()` 示例

```java
public static void main(String[] args) {
    String str = "itlaoxie";
    System.out.println(str + " 的长度为 " + str.length());
    // 输出结果: itlaoxie 的长度为 8
}
```

- `public char charAt(int index)` 示例

```java
public static void main(String[] args) {
    String str = "itlaoxie";
    // 让循环变量初始化为数组的最后一个字符的所在位置
    // 依次遍历，直到第一个字符，这里我们就把字符串当作数组来使用
    for (int i = str.length() - 1; i >= 0; i--) {
        // 通过 charAt 方法获取字符串中指定位置的字符，类似于使用数组中的元素
        System.out.print(str.charAt(i));
    }
    // 输出结果为: eixoalti
}
```

- `public int compareTo(String anotherString)` 示例

```java
public static void main(String[] args) {
    String str01 = "itlaoxie";
    String str02 = "itxiaosi";
    /*
```

str01 与 str02 比较大小，其中前两位都相等，从第三位开始不同，其中 str01 的第三位是 l，
str02 的第三位是 x

因为 x 的字符编码要大于 l 的字符编码，所以 str02 字符串大于 str01 字符串，通过 compareTo
可以比较字符串的大小关系
```
    */

    // 当 str01 小于 str02 的时候，返回小于 0 的值
    System.out.println(str01.compareTo(str02)); // 输出结果：-12
    // 当 str01 大于 str02 的时候，返回大于 0 的值
    System.out.println(str02.compareTo(str01)); // 输出结果：12
    // 当 str01 等于参数的时候，返回等于 0 的值
    System.out.println(str01.compareTo("itlaoxie")); // 输出结果：0
}
```

- public String concat(String str) 示例

```
public static void main(String[] args) {
    String str01 = "Hello ";
    String str02 = "XiaoSi";

    // 将 str02 链接到 str01 的后面，并赋值给新的字符串 strRes
    String strRes = str01.concat(str02);
    System.out.println(strRes); // 输出结果：Hello XiaoSi
}
```

- public boolean equals(Object anObject) 示例

```
public static void main(String[] args) {
    String str01 = "Hello ";
    String str02 = "XiaoSi";

    // 使用 equals 判断字符串内容是否相等，若相等，则返回 true

    System.out.println(str01.equals(str02));      // 输出结果：false
    System.out.println(str01.equals("Hello "));   // 输出结果：true
    // 字符串常量也是对象，所以也可以直接使用字符串常量来调用字符串类中的相关方法
    System.out.println("Hello".equals(str01));    // 输出结果：false
}
```

- public byte[] getBytes() 示例

```
public static void main(String[] args) {
    byte[] bytes = "itlaoxie".getBytes();
```

```
    for (int i = 0; i < bytes.length; i++) {
        System.out.print(bytes[i] + " ");
    }
    // 输出结果: 105 116 108 97 111 120 105 101
    // 输出结果分别对应的是字符串中每个字符的字符编码
}
```

- public int indexOf(……) 示例

```
public static void main(String[] args) {
    String str = "itlaoxie";

    // 利用字符编码查找指定字符在字符串中首次出现的位置
    System.out.println(str.indexOf(105));
    // 输出结果: 0, 105 为字符 i 对应的编码, 在字符串中的首位就出现了, 所以直接输出 0
    System.out.println(str.indexOf(116));
    // 输出结果: 1, 116 为字符 t 对应的编码, 在字符串中的位置是第二个, 对应的索引是 1
    System.out.println(str.indexOf(120));
    // 输出结果: 5, 120 为字符 x 对应的编码, 在字符串中的位置是第六个, 对应的索引是 5


    //==================================================

    // indexOf 支持方法的重载, 也可以传递一些其他类型的参数

    // 查找一个字符串在 str 字符串中的位置
    System.out.println(str.indexOf("x"));     // 输出结果 :5
    System.out.println(str.indexOf("lao")); // 输出结果 :2

    // 当然还有更多重载的参数形式, 可以通过 Java API 或者搜索引擎自行补充
}
```

- public String[] split(String regex) 示例

```
public static void main(String[] args) {
    String info = " 黄固 , 欧阳锋 , 段智兴 , 洪七公 ";

    // 通过 split 方法, 根据逗号将字符串进行拆分, 并返回一个新的数组
    String[] names = info.split(",");

    /*
    这也是 for 循环的另外一种表现形式, 实际上底层是通过迭代器实现的, 迭代器会在后面集合的章
节具体介绍
    这种循环的形式相当于将 names 数组中的每个元素依次复制给 name 变量, 之后在循环体内可以利
用 name 的值做你想做的事情
```

```
    */
    for (String name : names) {
        System.out.println(name);
    }

    //============================

    // 常规遍历数组的方式
    for (int i = 0; i < names.length; i++) {
        System.out.println(names[i]);
    }
}
```

● `substring(int beginIndex, int endIndex)` 示例

```java
public static void main(String[] args) {
    String info = "123456789";

    // 从索引为 3 的位置截取到最后并返回新的字符串
    String str01 = info.substring(3);
    System.out.println("str01 = " + str01); // 输出结果：str01=456789

    // 从索引为 3 的位置截取到索引 6 之前的部分并返回新的字符串
    String str02 = info.substring(3, 6);
    System.out.println("str02 = " + str02); // 输出结果：str02=456
}
```

● `public char[] toCharArray()` 示例

```java
public static void main(String[] args) {
    String info = "itlaoxie";

    // 将 info 字符串转换成字符数组并返回
    char[] chars = info.toCharArray();

    for (char c : chars) {
        System.out.print(c + ",");
    }
    // 输出结果：i,t,l,a,o,x,i,e,
}
```

● `public String trim()` 示例

```java
public static void main(String[] args) {
    String info = " itlaoxie ";
```

```
    System.out.println("##" + info + "##"); // 输出结果: ## itlaoxie ##

    String res = info.trim();    // 去除字符串两端多余的空格，多用于处理用户名

    System.out.println("##" + res + "##"); // 输出结果: ##itlaoxie##
}
```

- public boolean isEmpty() 示例

```
public static void main(String[] args) {
    String str01 = " itlaoxie ";
    // String str02 = null;
    // String str03;

    System.out.println(str01.isEmpty());         // 输出结果: false
    // System.out.println(str02.isEmpty()); // 如果字符串值为 null, 则会出现空
                                            //  指针异常
    // System.out.println(str03.isEmpty()); // 没有初始化的字符串对象不能直接使用
    System.out.println("itxiaoxie".isEmpty());       // 输出结果: false
    System.out.println("".isEmpty());              // 输出结果: true
}
```

14.3　StringBuilder & StringBuffer

StringBuilder 是一个可变的字符串类，我们可以把它看成一个容器，可变指的是 StringBuilder 对象中的内容是可变的。

1. String 和 StringBuilder 的区别

- String 是不可变的。

- StringBuilder 是可变的。

2. StringBuilder 的构造方法

StringBuilder 的构造方法如下表所示。

方法名	说明
public StringBuilder()	创建一个空白的 StringBuilder 对象，不含有任何内容
public StringBuilder(String str)	根据字符串内容创建一个 StringBuilder 对象

● 案例

```java
public static void main(String[] args) {
    StringBuilder sb = new StringBuilder();
    System.out.println("sb = " + sb);
    System.out.println("sb.length() = " + sb.length());

    StringBuilder sb2 = new StringBuilder("Hello Java");

    System.out.println("sb2 = " + sb2);
    System.out.println("sb2.length() = " + sb2.length());
}
```

3. StringBuilder 的添加和反转方法

StringBuilder 的添加和反转方法如下表所示。

方法名	说明
public StringBuilder append(任意类型值)	将内容添加到对象中并返回对象本身
public StringBuilder reverse()	返回相反的字符串序列对象

● public StringBuilder append(...) 案例

```java
public static void main(String[] args) {
    StringBuilder sb = new StringBuilder("Hello");

    sb.append(" Java ");       // 追加一个字符串到 sb 对象的后面

    System.out.println(sb); // 输出结果：Hello Java

    sb.append(9527);          // 追加一个整数类型并转换成字符串到 sb 对象的后面

    System.out.println(sb); // 输出结果：Hello Java 9527

    sb.append('!').append('~'); // 连续追加两个字符到 sb 对象的后面
    // 注意，由于 append 方法返回的就是 StringBuilder 类型的对象本身，所以可以连续调用对象
    // 中的方法

    System.out.println(sb); // 输出结果：Hello Java 9527! ~
}
```

● public StringBuilder reverse() 案例

```java
public static void main(String[] args) {
    StringBuilder sb = new StringBuilder("itlaoxie");

    sb.reverse();

    System.out.println("逆序后：" + sb); // 输出结果：逆序后：eixoalti
}
```

14.4 String 和 StringBuilder 的相互转换

● StringBuilder 转换为 String

StringBuilder 类型的对象可以直接拿来使用，就像之前在 System.out.println() 中直接输出的一样，如果想将其转换成 String 类型的对象，则可以使用成员方法 toString 来实现。

public String toString()：通过 toString 方法就可以将 StringBuilder 对象转换为 String。

● String 转换为 StringBuilder

由于 String 类型的字符串是不可变的，如果想改变其内容，则可以先将其转换成 StringBuilder 类型，我们可以直接通过 StringBuilder 的构造方法来轻松解决这个问题。

public StringBuilder(String str)：通过构造方法可以实现将 String 对象转换为 StringBuilder。

14.5 Arrays

在数组相关的工具类中，常用方法有以下几种，如下表所示。更多方法可参考 Java API。

注意：以下 Arrays 工具类中的方法均为静态方法，需要直接使用类名进行调用。

方法名	说明
Arrays.fill()	初始化数组（填充）
Arrays.sort()	排序
Arrays.toString()	将数组拼接成字符串

- Arrays.fill() 案例

```java
public static void main(String[] args) {
    int[] array = new int[10]; // 实例化一个长度为10的空数数组

    Arrays.fill(array, 1); // 将数值1填充到array数组中

    // 遍历输出数组中的元素
    for (int i : array) {
        System.out.print(i + ", ");
    }// 输出结果: 1,1,1,1,1,1,1,1,1,1,

    System.out.println("\n==========================");

    Arrays.fill(array, 2, 4, 9);
    // 将9填充到array数组从索引2到4之前的元素中
    // 其他位如果有值，则保持不变，如果没有值，则用默认值0填充

    // 遍历输出数组中的元素
    for (int i : array) {
        System.out.print(i + ", ");
    }// 输出结果: 1,1,9,9,1,1,1,1,1,1,
    // 由于之前调用了fill方法填充过array数组，其中每一位都初始化为1
    // 所以输出结果中除了下表为2和3的两个元素被重新填充为9，其他元素保持不变
}
```

- Arrays.sort() 案例

```java
public static void main(String[] args) {
    int[] array = {1,3,5,7,9,2,4,6,8,0};

    // 调用数组排序方法，针对array数组进行排序，默认按升序排序
    Arrays.sort(array);

    for (int i : array) {
        System.out.print(i + ", ");
    } // 输出结果: 0,1,2,3,4,5,6,7,8,9,
```

```
        // 注意: sort 排序的方法在 Java API 中也有不同的方法重载
        // 可以实现根据指定的区间排序数组, 或者定义排序规则……
}
```

- `Arrays.toString()` 案例

```
public static void main(String[] args) {
    int[] array = {1,3,5,7,9,2,4,6,8,0};

    System.out.println(array);
    // 输出结果: [I@75b84c92
    // 这里输出的是 array 数组的物理地址相关信息, 之前有过介绍, 这里不再赘述

    System.out.println(Arrays.toString(array));
    // 输出结果: [1,3,5,7,9,2,4,6,8,0]
    // 直接将数组中的成员组织成一个字符串, 方便输出展示
}
```

14.6 Math

Math 是 Java API 中的数据工具类。这个工具类与 Arrays 类似, 下表所示均为静态成员方法, 直接通过类名调用。

方法名	说明
`Math.abs()`	返回绝对值
`Math.ceil()`	返回大于或等于参数的最小 double 值
`Math.floor()`	返回小于或等于参数的最小 double 值
`Math.round()`	返回四舍五入后的值
`Math.max()`	返回参数中的最大值
`Math.min()`	返回参数中的最小值
`Math.pow(x,y)`	返回第一个参数 x 的第二个参数 y 次幂的值
`Math.random()`	返回一个 0 ~ 1 的随机值

- 案例

```
public class Demo {
    public static void main(String[] args) {
```

```
        // 返回绝对值
        System.out.println(Math.abs(-88));              // 输出结果：88

        // 返回大于或等于参数的最小 double 值
        System.out.println(Math.ceil(3.14));            // 输出结果：4.0
        System.out.println(Math.ceil(3.64));            // 输出结果：4.0

        // 返回小于或等于参数的最小 double 值
        System.out.println(Math.floor(3.14));           // 输出结果：3.0
        System.out.println(Math.floor(3.64));           // 输出结果：3.0

        // 返回四舍五入后的值
        System.out.println(Math.round(3.14));           // 输出结果：3
        System.out.println(Math.round(3.64));           // 输出结果：4

        // 返回大 / 小值
        System.out.println(Math.max(5, 6));             // 输出结果：6
        System.out.println(Math.min(5, 6));             // 输出结果：5

        // 返回第一个参数的第二个参数次幂的值
        System.out.println(Math.pow(2,3));              // 输出结果：8.0

        // 返回一个 0-1 的随机值
        System.out.println(Math.random());             // 0~1 的随机值
    }
}
```

14.7　Object

Object 的方法名及说明如下表所示。

方法名	说明
`public String toString()`	将类成员编辑成字符串，通常在自定义类中被重写
`Public Boolean equals(Object obj1, Object obj2)`	对比参数中的两个对象是否相等，通常在自定义类中被重写

● `public String toString()` 案例

Object 类是一个比较特殊的类，Object 类是所有类的父类。也就是说，在定义一个类的时候，如果没有通过 extends 继承某一个指定的类，那么 JDK 就认为默认继承了 Object

类，那么 Object 类中的方法就可以在子类中，也就是在你定义的类中直接使用，或者通过重写之后再使用。以下是常用写法。

案例源码：com.itlaoxie.ObjectTest.Person.java。

```java
package com.itlaoxie.ObjectTest;

public class Person {
    // 定义三个成员变量
    private String name;
    private String sex;
    private int age;

    // 定义带参构造方法用于实例化对象
    public Person(String name, String sex, int age) {
        this.name = name;
        this.sex = sex;
        this.age = age;
    }

    // 常规封装的 set/get 方法
    public String getName() {
        return name;
    }

    public void setName(String name) {
        this.name = name;
    }

    public String getSex() {
        return sex;
    }

    public void setSex(String sex) {
        this.sex = sex;
    }

    public int getAge() {
        return age;
    }

    public void setAge(int age) {
        this.age = age;
    }
```

```
    // 重写 Object 类中的 toString 方法
    @Override
    public String toString() {
        return "Person{" +
                "name='" + name + '\'' +
                ", sex='" + sex + '\'' +
                ", age=" + age +
                '}';
    } // 重写的 toString 方法中组织好了成员的输出格式，可以修改成任意格式
}
```

案例源码：com.itlaoxie.ObjectTest.RunTest.java。

```
package ObjectTest;

public class RunTest {
    public static void main(String[] args) {
        Person p = new Person("IT 老邪 ", " 男 ", 17);

        System.out.println(p);
        // 在 Person 类中重写了 toString 方法之后输出的结果为
        // Person{name='IT 老邪 ', sex=' 男 ', age=17}
        // 若不重写 toString 方法，则调用的是 Object 中 toString 定义的方法体
        // 输出结果为：ObjectTest.Person@75b84c92
    }
}
```

- Public Boolean equals(Object obj1, Object obj2) 案例

该方法通常用于比较两个对象是否相等，在使用之前，通常也会根据需求在自定义类中进行重写。

案例源码：com.itlaoxie.ObjectTest.Person.java。

```
package ObjectTest;

import java.util.Objects;

public class Person {
    // 定义三个成员变量
    private String name;
    private String sex;
    private int age;

    // 定义带参构造方法用于实例化对象
```

```java
public Person(String name, String sex, int age) {
    this.name = name;
    this.sex = sex;
    this.age = age;
}

// 常规封装的 set/get 方法
public String getName() {
    return name;
}

public void setName(String name) {
    this.name = name;
}

public String getSex() {
    return sex;
}

public void setSex(String sex) {
    this.sex = sex;
}

public int getAge() {
    return age;
}

public void setAge(int age) {
    this.age = age;
}

// 重写 Object 类中的 toString 方法
@Override
public String toString() {
    return "Person{" +
            "name='" + name + '\'' +
            ", sex='" + sex + '\'' +
            ", age=" + age +
            '}';
} // 重写的 toString 方法中组织好了成员的输出格式，可以修改成任意格式

@Override
public boolean equals(Object o) {
    if (this == o) return true;
    if (o == null || getClass() != o.getClass()) return false;
```

```
        Person person = (Person) o;
        return age == person.age && Objects.equals(name, person.name) &&
Objects.equals(sex, person.sex);
    }
    // 这里需要注意的是：不同版本的 IDEA 自动生成的 equals 方法体内容可能会有所不同
    // 但是功能相同，如果需要调整功能，则自行修改代码即可
}
```

案例源码：com.itlaoxie.ObjectTest.RunTest.java。

```
package ObjectTest;

public class RunTest {
    public static void main(String[] args) {
        Person p01 = new Person("IT 老邪 ", " 男 ", 17);
        Person p02 = new Person("IT 老邪 ", " 男 ", 17);

        System.out.println(p01.equals(p02));
        /*
            当不在 Person 类中重写 equals 方法的时候，得到的结果是 false，表示 p01 和
        p02 不相等
            当然，p01 和 p02 分别通过 new 分配的内存空间，它们是两个不同的对象，所以也
        是不相等的
            如果我们想对比的不是内存地址，而是对象中每个成员属性的值是否相等，那么就
        需要重写 equals 方法

            重写 equals 方法的时候可以根据需求来对比想要比较的成员
        */
    }
}
```

14.8　System

System 的方法名及说明如下表所示。

方法名	说明
System.exit(int num)	终止当前正在运行的 Java 虚拟机，并输出退出代码
System.currentTimeMillis()	获取当前系统时间戳（从 1970 年 1 月 1 日 00:00:00 至今经历了多少毫秒，单位为 ms）

- `System.exit(int num)` 案例

```
public static void main(String[] args) {
    for (int i = 0; i < 100000; i++) {
        if (i > 100)
            System.exit(0);
        // 正常退出通常返回 0, 当然也可以设置其他值
    }
    // 由于本程序中在上面 i 的值大于 100 的时候就结束当前正在运行的 Java 虚拟机了
    // 所以下面的代码是执行不到的
    System.out.println("这个程序中这句话执行不到了");
}
```

- `System.currentTimeMillis()` 案例

```
public static void main(String[] args) {
    // 记录开始循环之前, 系统当前的时间戳
    long start = System.currentTimeMillis();

    // 开始循环做一些事情……
    for (int i = 0; i < 100000; i++) {
        System.out.println("itlaoxie");
        // 正常退出通常返回 0, 当然也可以设置其他值
    }

    // 记录开始循环结束之后, 系统当前的时间戳
    long stop = System.currentTimeMillis();

    System.out.println("打印十万次 itlaoxie 约耗时: " + (stop - start) + " ms");
    // 用结束的时间戳减掉开始的时间戳能得出大约耗时多少毫秒
    // 以下是 IT 老邪的耗时, 你也可以试试你的计算机性能
    // 输出结果: 打印十万次 itlaoxie 约耗时: 147ms
}
```

14.9 Date

Date 的方法名及说明如下表所示。

方法名	说明
`public Date()`	获取当前系统时间
`public Date(Long date)`	获取指定时间戳的时间

方法名	说明
`public long getTime()`	获取时间戳，单位为 ms
`public void setTime(Long time)`	设置时间，参数为毫秒值

案例如下。

```java
public static void main(String[] args) {
    Date date01 = new Date(); // 获取的是当前的系统时间对象
    System.out.println(date01);
    // 以系统默认格式来显示当前系统时间
    System.out.println("================================");
    // 根据指定的时间戳来获取相应的时间 Date 对象
    // 1000 毫秒 ×60 秒 ×60 分钟 ×24 小时，结果是一天，这里获取的是昨天的当前时间
    Date date02 = new Date(System.currentTimeMillis() - 1000 * 60 * 60 * 24);
    System.out.println(date02); // 输出查看设置后的结果
    System.out.println(date02.getTime()); // 获取 date02 对象的时间戳
    System.out.println(System.currentTimeMillis()); // 输出当前系统时间戳
    date02.setTime(System.currentTimeMillis() + 1000 * 60 * 60 * 24);
    // 用明天的时间戳设置 date02 对象
    System.out.println(date02);
}
```

14.10   SimpleDateFormat

SimpleDateFormat 的方法名及说明如下表所示。

方法名	说明
public SimpleDateFormat()	使用默认时间格式
public SimpleDateFormat(String pattern)	使用指定的时间格式

● 案例

```java
public static void main(String[] args) throws ParseException {
    Date date01 = new Date(); // 实例化 Date 对象
    // SimpleDateFormat sdf = new SimpleDateFormat(); // 默认时间格式
    // 指定时间格式
    SimpleDateFormat sdf = new SimpleDateFormat("yyyy-MM-dd HH:mm:ss");

    String str = sdf.format(date01);     // 将当前时间通过指定的格式转换成字符串
```

```
    System.out.println(str);  // 输出结果

    //=================================================

    String Time = "2056-02-14 02:14:00;";      // 设置一个字符串时间
    SimpleDateFormat sdf1 = new SimpleDateFormat("yyyy-MM-dd HH:mm:ss");
        // 通过 SimpleDateFormat 对象将字符串时间转换成 Date 对象
        Date date02 = sdf1.parse(Time);

    System.out.println(date02); // 输出 Date 对象查看结果
}
```

- 案例——时间格式互相转换（自定义方法）

```
/**
 * dateToString      将一个 Date 对象转换为指定格式的时间
 * @param date       Date 类型对象
 * @param format     日期格式
 * @return           指定格式的时间
 */
public static String dateToString(Date date, String format){
    SimpleDateFormat sdf = new SimpleDateFormat(format);
    return sdf.format(date);
}

/**
 * stringToDate      把字符串解析为指定格式的时间
 * @param str        字符串格式的时间
 * @param format     字符串对应的格式
 * @return           转换后的对象
 * @throws ParseException 抛出异常交给 JVM 处理，在异常章节中会详细介绍
 */
public static Date stringToDate(String str, String format) throws
ParseException {
    SimpleDateFormat sdf = new SimpleDateFormat(format);
    return sdf.parse(str);
}
// 可以将以上两个函数封装到工具类中，构造方法私有化，静态方法 ===================

public static void main(String[] args) throws ParseException {
    Date d = new Date();

    String str = dateToString(d, "yyyy-MM-dd HH:mm:ss");
    System.out.println(str);
```

```
    String time = "2056-02-14 02:14:00";
    Date date = stringToDate(time, "yyyy-MM-dd HH:mm:ss");
    System.out.println(date);
}
```

14.11　Calendar

日历类，提供了很多与日期相关的成员属性及方法。

14.11.1　获取对象

通过 `Calendar.getInstance()` 方法获取对象，代码如下。

```
public static void main(String[] args) {
    // 获取日历类对象
    Calendar cal = Calendar.getInstance();
    System.out.println(cal);       // 大长串的信息都是时间相关信息

    System.out.println(cal.get(Calendar.YEAR));// 获取年份
    System.out.println(cal.get(Calendar.MONTH));// 获取月份，从 0 开始
    System.out.println(cal.get(Calendar.DAY_OF_MONTH));// 本月的第几天
    System.out.println(cal.get(Calendar.DAY_OF_YEAR));// 本年的第几天
}
```

14.11.2　常用方法

Calendar 的常用方法名及说明如下表所示。

方法名	说明
`public int get(int field)`	返回给定字段的值
`public abstract void add(int field, int amount)`	根据日历规则，将指定的时间量添加或减去给定的日历字段
`public final void set(int year, int month, int date)`	指当前日历的年月日

- 案例

```
public static void main(String[] args) {
    // 获取日历类对象
    Calendar cal = Calendar.getInstance();
```

```
System.out.println(cal);      // 大长串的信息都是时间相关信息

int year = cal.get(Calendar.YEAR);
int month = cal.get(Calendar.MONTH) + 1; // 由于月份值从 0 开始，所以在这里＋1
int date = cal.get(Calendar.DATE);
System.out.printf("%d 年 %d 月 %d 日 \n", year, month, date);

// 使用 add 修改日历信息
cal.add(Calendar.MONTH, 3); // 在 cal 对象的时间基础上向后设置 3 个月
// 如果需要向前设置 3 个月，则第二个参数可以设置为 −3
year = cal.get(Calendar.YEAR);
month = cal.get(Calendar.MONTH) + 1;
date = cal.get(Calendar.DATE);
System.out.printf("%d 年 %d 月 %d 日 \n", year, month, date);

// cal.set(2056,2,14); // 可以通过 set 方法直接设置年月日
cal.setTime(new Date());   // 通过 Date 对象设置当前时间
year = cal.get(Calendar.YEAR);
month = cal.get(Calendar.MONTH) + 1;
date = cal.get(Calendar.DATE);
System.out.printf("%d 年 %d 月 %d 日 \n", year, month, date);
}
```

第 15 章

/

File（文件）

在 Java 中操作文件，也要使用 API 提供的一个工具类。一个文件从没有到有可能会经历创建、复制、删除等一些相关的操作，本章介绍文件的创建、遍历及删除操作。复制文件我们可以通过后续 I/O 流章节中的知识点来实现。

15.1 构造方法

构造方法的方法名及说明如下表所示。

方法名	说明
File(String pathname)	通过将给定的路径名字符串转换为抽象路径名来创建新的 File 实例
File(String parent, String chlid)	由父类路径名字符串和自路径名字符串创建新的 File 实例
File(File parent, String child)	由父类抽象路径和自路径名字符串创建新的 File 实例

- 案例

```
// 三种创建 File 对象的方式
public static void main(String[] args) {
    // 方式一
    File file01 = new File("./a.txt");
    System.out.println(file01);

    // 方式二
```

```
    File file02 = new File("./", "a.txt");
    System.out.println(file02);

    // 方式三
    File file03 = new File("./");
    File file04 = new File(file03, "a.txt");
    System.out.println(file04);
}
```

15.2 File 类的创建功能

File 类的创建方法的方法名及说明如下表所示。

方法名	说明
createNewFile()	创建文件
mkdir()	创建目录
mkdirs()	创建多级目录

- 案例

```
public static void main(String[] args) throws IOException {
    File f1 = new File(".\\a.txt");
    // 如果不存在，则返回true，并创建新文件；如果存在，则返回false
    System.out.println(f1.createNewFile());
    System.out.println("=============================");

    File f2 = new File(".\\testDir");
    System.out.println(f2.mkdir()); // 创建目录
    System.out.println("=============================");

    File f3 = new File(".\\Hello\\World");
    System.out.println(f3.mkdirs()); // 创建多级目录

    // 注意：目录名和文件名也不能重复，否则创建文件不会成功
}
```

15.3 File 类的判断和获取功能

File 类的判断和获取方法的方法名及说明如下表所示。

方法名	说明
isDirectory()	是否为目录
isFile()	是否为文件
exists()	是否存在
getAbsolutePath()	返回绝对路径
getPath()	返回给定的路径名字符串
getName()	返回 File 封装的文件或目录名
list()	返回目录文件列表 (字符串)
listFiles()	返回文件列表 (对象)

● 案例

```java
public static void main(String[] args) {
    File f = new File("myFile\\java.txt");
    System.out.println(f.isDirectory());// 是否为目录
    System.out.println(f.isFile());// 是否为文件
    System.out.println(f.exists());// 是否存在

    System.out.println(f.getAbsolutePath());// 获取绝对路径
    System.out.println(f.getPath());// File 对象封装的路径及文件名
    System.out.println(f.getName());// File 对象封装的文件名 ( 不包含目录 )

    File ff = new File(".\\");
    System.out.println(Arrays.toString(ff.list()));// 文件名列表
    System.out.println(Arrays.toString(ff.listFiles()));// 文件对象列表
}
```

15.4 File 类的删除功能

File 类的删除方法的方法名及说明如下表所示。

方法名	说明
delete()	删除抽象路径表示的文件或目录

● 案例

```java
public static void main(String[] args) throws IOException {
    File f1 = new File(".\\test.txt");
    if (f1.createNewFile()){
```

```
        System.out.println(" 文件创建成功 ");
    }else{
        System.out.println(" 文件创建失败 ");
    }
    if (f1.exists()){
        if (f1.delete())
            System.out.println(f1.getName() + " 文件删除成功 ");
    }else{
        System.out.println(" 要删除的文件不存在 ");
    }
    // 如果用 delete() 方法删除目录，则只能删除空目录
}
```

15.5   递归遍历目录

● 案例——递归输出 / 删除目录

```
package com.itlaoxie.fileDemo;

import java.io.File;

public class MyFileDemo {
    /* 递归实现步骤
    1. 根据定义的路径创建一个 File 对象
    2. 定义一个方法，用于获取给定目录下的所有内容，参数为第一步创建的 File 对象
    3. 获取给定的 File 目录下所有的文件或者目录的 File 数组
    4. 遍历 File 数组，得到每个 File 对象
    5. 判断该 File 对象是不是目录
        · 如果是，则递归调用
        · 如果不是，则做相应的输出或者删除等操作
    6. 调用方法
    */

        // 主方法
    public static void main(String[] args) {
        final String SRC = ".\\FileDel";        // 定义目标目录
        File srcFile = new File(SRC); // 定义文件对象

        // getAllFilePath(srcFile);                // 遍历目录方法调用
        delDir(srcFile);                        // 删除目录方法调用
    }

    /**
     * getAllFilePath    遍历并输出目录中的所有文件
     * @param srcFile    要遍历输出的目录
```

```java
    */
    public static void getAllFilePath(File srcFile){
        // 获取文件列表
        File[] fileArray = srcFile.listFiles();
        // 如果列表不是空的
        if (fileArray != null){
                // 则遍历文件列表中的每一个文件
            for (File file : fileArray){
                // 如果是目录
                if (file.isDirectory()){
                        // 则递归调用自己
                    getAllFilePath(file);
                }else {
                    // System.out.println(file.getAbsolutePath());
                    // 输出绝对路径
                    // 如果不是目录，则直接输出文件名
                    System.out.println(file.getName());
                }
            }
        }
    }

    /**
     * delDir            删除目录
     * @param srcFile    要删除的目录
     */
    public static void delDir(File srcFile){
        // 获取文件列表
        File[] fileArray = srcFile.listFiles();

        // 如果文件列表不是空
        if (fileArray != null){
            // 则遍历文件列表中的每一个文件
            for (File file : fileArray){
                // 如果是目录
                if (file.isDirectory()){
                        // 则递归调用自己
                    delDir(file);
                }else {
                    // 如果不是目录，则直接删除文件
                    file.delete();
                }
            }
        }
        // 删除当前目录
        srcFile.delete();
    }
}
```

第 16 章
/
I/O 流

16.1　I/O 流的分类

I/O 流概述

I/O：输入 / 输出（Input/Output）。

流：一种抽象的概念，是对数据传输的总称，即数据在设备间的传输被称为流。流的本质是数据的传输。

I/O 流就是用来处理设备间数据传输问题的，常见的应用有文件的复制、上传、下载等。

根据数据的流向和数据类型，I/O 流可以细分为如下几种。

（1）根据数据的流向，I/O 流可分为输入流和输出流两种。

数据的流向指的是数据从哪里来再到哪里去。输入流就是读取数据，输出流就是向外写入数据，这两个动作实际上是相对的。比如 A 和 B 两个端，如果是 A 端从 B 端下载，那么就是从 A 端读取 B 端的数据。当然，也可以反过来看待这个数据流，如果我们从 B 端向 A 端上传数据，得到的也是同样的效果。所以重点在于要传输的数据的起点和终点分别是什么？根据不同的流向，有着不同的定义。

- 输入流：读数据，从某个数据源获取数据。

- 输出流：写数据，向某个目的地写入数据。

（2）根据数据类型，I/O 流可分为字节流和字符流两种。

- 字节流（万能流）——读不懂的数据用字节流

  字节流也被称为万能流，可用于各种文件的读写。通过字节流传输的内容在串行化之后，通常得到的是一些乱七八糟的符号，看起来就是一团乱码。因为不同文件类型的文件，编码形式是不同的，需要使用不同的应用打开对应的文件格式才能得到我们想要的文字、图片、音频或者视频等。无论哪种类型的文件，在计算机中都是以二进制数的形式进行存储的，通过字节流都可以进行传输。所以通常我们会直观地认为串行化后看不懂的数据就是用字节流进行传输的。由于字节流是万能流，所以可以应用于各种类型的文件传输，并不会局限于某一种特定的文件类型。

  ○ 字节输入流（`InputStream`）。
  ○ 字节输出流（`OutputStream`）。

- 字符流——能读懂的数据用字符流

  字符流与字节流正好相反，应用相对狭隘。通过字面含义就能得到一个结论，它是应用于字符传输的，主要针对文本类型的文件进行传输。由于传输的就是字符，所以串行化后能看到其对应的字符明文。

  ○ 字符输入流（`InputStreamReader`）。
  ○ 字符输出流（`OutputStreamWriter`）。

16.2　字节流

字节流可以分为字节输入流和字节输出流两种。

16.2.1　字节流写数据

1. 字节流抽象基类

- `InputStream`：字节输入流。

- `OutputStream`：字节输出流。

子类名称特点：以父类名称作为子类名称的后缀。

2. 基础案例

注意：在 I/O 流的操作中将频繁使用项目中的文件或者目录。注意相对路径和绝对路径的使用方法。

- 相对路径：`./` 表示当前目录，`../` 表示上一级目录，`../../` 表示上一级目录的上一级目录。

- 绝对路径：从盘符开始一直到要访问的文件或目录。

案例源码 `:/itlaoxie/TestCode/Hello.java`。

```java
public static void main(String[] args) throws IOException {
    // 第一步：创建字节输出流对象
    // 1.调用系统功能创建文件
    // 2.创建字节输出流对象
    // 3.让字节输出流指向创建好的文件
    FileOutputStream fos = new FileOutputStream("Demo01-测试\\fos.txt");

    // 第二步：写入数据
    // 将大写字母A写入 fos.txt 文件
    fos.write(65);

    // byte[] bytes = {65, 66, 67, 68, 69};
    // byte[] bytes = "Hello 你好 world!~".getBytes();
    // 将字节数组整体写入

    // fos.write(bytes);
    // 按照指定位置写入
    // fos.write(bytes, 3, 8);

    // 第三步：释放 I/O 资源
    // 关闭此字节输出流，并关闭与此字节输出流相关联的所有系统资源
    fos.close();
}
```

3. 换行符

在不同的系统中换行符也略有不同：

- Windows：`\r\n`。
- Linux：`\n`。
- macOS：`\r`。

4. 追加写入

在创建对象的时候通过指定参数来实现追加写入，第二个参数设置为 true 即可。

16.2.2 字节流输出异常处理

异常处理在第 18 章中有详细的解释，这里了解即可。

1. 抛出或者 try catch

向外抛出异常是一种处理异常的方式，当对于出现的异常没有特殊处理要求时，通常会将异常直接抛出，交给调用处处理。

`try catch` 也是一种异常的处理方式，当你想对程序中出现的异常做一些个性化的处理时，就可以使用 `try catch` 来捕获异常，并自行处理。

2. 通过 finally 来关闭 I/O 流

`finally` 是结合 `try catch` 使用的，表示无论是否出现异常都会执行到的部分。所以通常我们会在 `finally` 中做 I/O 流的关闭动作（close）。

16.2.3 字节流读数据

需求：读出 fos.txt 文件中的内容并在控制台输出。

1. `FileInputStream`：从文件系统的文件中获取输入字节

`FileInputStream(String name)`：通过打开与实际文件的连接来创建一个 `FileInputStream`，该文件由文件系统中的路径名 `name` 命名。

2. 使用字节输入流读取数据的具体步骤

- 创建字节输入流对象。
- 调用字节输入流对象的读取方法。
- 释放资源。

3. 案例——普通的读取

需求：从一个文件中读取数据，并输出。读取方式：每次读取一个字符。

```java
public static void main(String[] args) throws IOException {
    // 创建字节输入流对象
    FileInputStream fis = new FileInputStream("Demo01- 测试 \\fos.txt");

    // 调用方法从文件中读取数据
    // 从 fis 对象中读取一字节并将其输出
    // int by = fis.read();
    // System.out.println(by);
    // System.out.println((char)by);
    //
    // 继续从 fis 对象中读取一字节并将其输出
    // by = fis.read();
    // System.out.println(by);
    // System.out.println((char)by);
    //
    //……

    // 利用循环依次读取 fis 对象中的内容
    int by = fis.read();
    while (by != -1){          // 当 by 的值为 -1 的时候，说明读不到内容了，退出循环
        System.out.print((char)by);    // 输出读取到的字符
        by = fis.read();       // 读取 fis 对象中的下一个字符
    }

    // 释放资源
    fis.close();
}
```

4. 案例——复制文本文件

需求：针对一个文本文件进行复制。

```java
public static void main(String[] args) throws IOException {
    // 创建字节输入流对象
    FileInputStream fis = new FileInputStream("Demo01- 测试 \\fos.txt");
    // 创建字节输出流对象
    FileOutputStream fos = new FileOutputStream("Demo01- 测试 \\fosNew.txt");
    // 读写操作
    int by;
    while ((by = fis.read()) != -1) {
        fos.write(by);
    }
    // 释放资源
    fis.close();
```

```
        fos.close();
}
```

5. 案例——一次读取一个字节数组

需求：从文件中读取内容并输出。读取方式：每次读取一个字节数组。

```java
public static void main(String[] args) throws IOException {
    // 创建字节输入流对象
    FileInputStream fis = new FileInputStream("Demo01- 测试 \\fos.txt");

    // 定义一个字节数组，用于存储读取到的数据。数组长度可自定义
    byte[] bys = new byte[1024];

    // 调用读取方法
    int len;
    // 在调用 read 方法时指定将读取到的数据存放在 bys 数组中，并将返回的读取到的实际数据
    // 长度赋值给 len
    while((len = fis.read(bys)) != -1){
        // 当输出内容时，通过 String 的构造方法实例化新的字符串
        // 只输出实际有效的字符串长度内的内容，避免出现乱码
        System.out.print(new String(bys, 0, len));
    }

    // 释放资源
    fis.close();
}
```

6. 案例——复制图片

需求：根据一张图片文件，复制另外一张图片，其本质就是先读取再写入新的文件。

```java
public static void main(String[] args) throws IOException {
    // 创建字节输入流对象
    FileInputStream fis = new FileInputStream("xxx.jpg");
    // 创建字节输出流对象
    FileOutputStream fos = new FileOutputStream("xxxNew.jpg");

    // 读写操作：每次读写一字节
    // int by;
    // while ((by = fis.read()) != -1) {
    //     fos.write(by);
    // }
```

```
// 读写操作：每次读写一个字节数组
byte[] bytes = new byte[1024];
int len;
while((len = fis.read(bytes)) != -1){
    fos.write(bytes, 0, len);
}

// 释放资源
fis.close();
fos.close();
}
```

16.2.4 字节输入 / 输出流缓冲区

- **BufferedOutputStream**：该类用于缓冲输出流，通过设置缓冲输出流，应用程序可以向底层输出流写入字节流，而不必每写入一字节就产生底层系统的调用。

- **BufferedInputStream**：创建 **BufferedInputStream** 时将创建一个内部缓冲区数组。当从流中读取或跳过字节时，内部缓冲区将根据需要从所包含的输入流中重新填充，一次填充多字节。

1. 案例——通过输入 / 输出流缓冲区实现读写操作

需求：通过输入 / 输出流缓冲区实现读写操作（输入 / 输出流的缓冲区对象实际上就是在原本的输入 / 输出流的基础上做了二次的封装，使它的功能升级，从而进一步提升读写效率）。

```
public static void main(String[] args) throws IOException {
    // 向指定文件写入数据

    // 创建字节输出流对象
    FileOutputStream fos = new FileOutputStream("fos.txt");
    // 创建缓冲区对象
    BufferedOutputStream bos = new BufferedOutputStream(fos);

    // 写数据
    bos.write("Hello\r\n".getBytes());
    bos.write("world\r\n".getBytes());

    // 释放资源
    bos.close();
```

```
//========================== 读写分隔线 ==========================

// 从指定文件读取数据

// 创建字节输入流对象
FileInputStream fis = new FileInputStream("fos.txt");
BufferedInputStream bis = new BufferedInputStream(fis);

// 一次读取一字节
int by;
while ((by = bis.read()) != -1){
    System.out.print((char)by);
}

// 释放资源
bis.close();
}
```

2. 各种读写方式的效率对比

下面通过复制文件的方式，对比各种读写方式的运行效率。

```java
package com.itlaoxie.iostream;

import java.io.*;

public class Demo {
    public static void main(String[] args) throws IOException {
        // 获取开始之前的时间戳
        long startTime = System.currentTimeMillis();

        final String SRC = "testFile.mp4";          // 源文件
        final String TO = "testFileNew.mp4"; // 目标文件

        // 复制视频文件：不同的文件大小、不同的计算机配置会影响运行结果
        // 以下是老邪测试的时候得到的参考数据，能看出效率上的对比即可
        // method01(SRC, TO);   // 3497ms
        // method02(SRC, TO);   // 7ms
        // method03(SRC, TO);   // 34ms
        method04(SRC, TO);   // 3ms

        // 获取结束时的时间戳
        long endTime = System.currentTimeMillis();
```

```java
        // 输出耗时
        System.out.println(" 共耗时： " + (endTime - startTime) + "MS");
    }

    // 基本字节流：一次写入一字节 =========================================
    public static void method01(String src, String to) throws IOException {
        FileInputStream fis = new FileInputStream(src);
        FileOutputStream fos = new FileOutputStream(to);

        int by;
        while ((by = fis.read()) != -1) {
            fos.write(by);
        }

        fos.close();
        fis.close();
    }

    // 基本字节流：一次写入一个字节数组 =========================================
    public static void method02(String src, String to) throws IOException {
        FileInputStream fis = new FileInputStream(src);
        FileOutputStream fos = new FileOutputStream(to);

        byte[] bytes = new byte[1024];
        int len;
        while ((len = fis.read(bytes)) != -1) {
            fos.write(bytes, 0, len);
        }

        fos.close();
        fis.close();
    }

    // 字节缓冲流：一次读取一字节 =========================================
    public static void method03(String src, String to) throws IOException {
        BufferedInputStream bis = new BufferedInputStream(new
        FileInputStream(src));
        BufferedOutputStream bos = new BufferedOutputStream(new
        FileOutputStream(to));

        int by;
        while ((by = bis.read()) != -1){
            bos.write(by);
        }
```

```java
        bos.close();
        bis.close();
    }

    // 字节缓冲流：一次读取一个字节数组 =====================================
    public static void method04(String src, String to) throws IOException {
        BufferedInputStream bis = new BufferedInputStream(new
FileInputStream(src));
        BufferedOutputStream bos = new BufferedOutputStream(new
FileOutputStream(to));

        byte[] bytes = new byte[1024];
        int len;
        while ((len = bis.read(bytes)) != -1){
            bos.write(bytes, 0, len);
        }

        bos.close();
        bis.close();
    }
}
```

16.3 字符流

　　字符流是在字节流的基础上进行了二次封装，从而得到功能上的升级。既然提到字符，就不得不提及另外一个概念，那就是字符编码。当只存储一个汉字时，如果是 GBK 编码，会占用两字节；如果是 UTF-8 编码，会占用三字节。下面的程序分别用两种编码解析了同一个字符串。

```java
public static void main(String[] args) throws UnsupportedEncodingException {
    String s01 = "IT老邪讲编程";
    // byte[] bytes = s01.getBytes("UTF-8");    // 以 UTF-8 编码解析
    byte[] bytes = s01.getBytes("GBK");          // 以 GBK 编码解析
    // 在字节流中，汉字的字符编码是负数
    System.out.println(Arrays.toString(bytes));
}
```

　　字符流＝字节流＋编码表。

　　当用字节流赋值文本文件时，在文本文件中就会出现中文，但是没有问题，原因是最终底层操作会自动进行将字节拼接成中文的操作，根据汉字的编码规则，第一字节都是以负数作为识别条件的。

1. 常见的字符编码

- ASCII。
- GB2312。
- GBK（两字节）。
- GB18030。
- Unicode
  - UTF-8（三字节）。
  - UTF-16。
  - UTF-32。

2. 字符串中的编码与解码

- 编码
  - `getBytes()`：使用平台（IDEA）默认字符集。
  - `getBytes(String charsetName)`：设置字符集。
- 解码
  - `String(byte[] bytes)`：使用平台（IDEA）默认字符集解码。
  - `String(byte[] bytes, String charsetName)`：使用指定字符集解码。

```java
public static void main(String[] args) throws UnsupportedEncodingException {
    String s01 = "IT老邪 is 冰哥";
    // byte[] bytes = s01.getBytes("UTF-8");
    byte[] bytes = s01.getBytes("GBK");
    // 在字节流中，汉字的字符编码是负数
    System.out.println(Arrays.toString(bytes));

    System.out.println(new String(bytes));              // 默认字符集
    System.out.println(new String(bytes, "GBK"));       // 指定字符集
}
```

3. 字符流的编码与解码

- `InputStreamReader`：字符输入流。

- `OutputStreamWriter`：字符输出流。

```java
public static void main(String[] args) throws IOException {
    final String SRC = "fos.txt";
    FileOutputStream fos = new FileOutputStream(SRC);
    // OutputStreamWriter osw = new OutputStreamWriter(fos);
    // OutputStreamWriter osw = new OutputStreamWriter(fos, "UTF-8");
    OutputStreamWriter osw = new OutputStreamWriter(fos, "GBK");

    osw.write("IT 老邪 ");
    osw.flush(); // 尝试不写这一行会不会成功

    osw.close();

    //======================= 读写分隔线 =======================

    FileInputStream fis = new FileInputStream(SRC);
    InputStreamReader isr = new InputStreamReader(fis, "GBK");

    int ch;
    while((ch = isr.read()) != -1){
        System.out.print((char)ch);
    }

    isr.close();
}
```

16.3.1　字符流写数据 —— write()

案例如下。

```java
public static void main(String[] args) throws IOException {
    // 创建字节流对象
    FileOutputStream fos = new FileOutputStream("test.txt");
    // 创建字符流对象
    OutputStreamWriter osw = new OutputStreamWriter(fos);

    // 写一个字符
    // osw.write(65);
    // osw.write(66);
    // osw.flush();                                    // 刷新流
    // osw.write(67);
```

```
    // 写一个字符数组
    // char[] chs = {'a','b','c','d','e','f','g'};
    // osw.write(chs);                        // 写入全部字符
    // osw.write(chs, 0, chs.length);         // 写入全部字符数组
    // osw.write(chs, 1, 3);                  // 从索引1开始，写三个字符

    // 写一个字符串
    String str = "abcdefg";
    // osw.write(str);                        // 写一个字符串
    // osw.write(str, 0, str.length());       // 从索引为0的位置开始写入字符
                                              // 并写到最后
    osw.write(str, 1, 4);                     // 根据指定索引位置写入字符

    osw.close();                              // 在关闭之前先刷新
}
```

16.3.2　字符流读数据—— read()

案例如下。

```
public static void main(String[] args) throws IOException {
    FileInputStream fis = new FileInputStream("test.txt");
    InputStreamReader isr = new InputStreamReader(fis);

    // 一次读一个字符
    // int ch;
    // while ((ch = isr.read()) != -1){
    //     System.out.print((char)ch);
    // }

    //======================= 读写分隔线 ==========================

    // 一次读一个字符数组
    char[] chs = new char[1024];
    int len;
    while ((len = isr.read(chs)) != -1){
        System.out.print(new String(chs, 0, len));
    }

    isr.close();
}
```

16.3.3 复制文件

1. 通过字节流读取复制文件

```java
public static void main(String[] args) throws IOException {
    final String SRC = "Demo01.java";  // 源文件
    final String DEST = "test.java";   // 目标文件
    // 定义字符输入流对象
    FileInputStream fis = new FileInputStream(SRC);
    InputStreamReader isr = new InputStreamReader(fis);
    // 定义字符输出流对象
    FileOutputStream fos = new FileOutputStream(DEST);
    OutputStreamWriter osw = new OutputStreamWriter(fos);

    // 一次读写一个字符
    // int ch;
    // while ((ch = isr.read()) != -1){
    //     osw.write(ch);
    // }

    // 一次读写一个数组
    char[] chs = new char[1024];
    int len;
    while ((len = isr.read(chs)) != -1){
        osw.write(chs, 0, len);
    }

    // 释放资源
    osw.close();
    isr.close();
}
```

2. 通过直接子类（FileReader/FileWriter）简化写法

```java
public static void main(String[] args) throws IOException {
    final String SRC = "Demo01.java";
    final String DEST = "test.java";
    // 定义字符输入流对象
    FileReader fr = new FileReader(SRC);
    // 定义字符输出流对象
    FileWriter fw = new FileWriter(DEST);

    // 一次读写一个字符
    // int ch;
    // while ((ch = fr.read()) != -1){
```

```
//      fw.write(ch);
// }

// 一次读写一个数组
char[] chs = new char[1024];
int len;
while ((len = fr.read(chs)) != -1){
    fw.write(chs, 0, len);
}

// 释放资源
fr.close();
fw.close();
}
```

16.3.4　缓冲区（高效读写）

- BufferedReader：高效读。

- BufferedWriter：高效写。

1. 案例——复制文件

```
public static void main(String[] args) throws IOException {
    final String SRC = "Demo01.java";
    final String DEST = "test.java";

    // 创建文件读取缓冲区
    FileReader fr = new FileReader(SRC);
    BufferedReader br = new BufferedReader(fr);
    // 创建文件写入缓冲区
    FileWriter fw = new FileWriter(DEST);
    BufferedWriter bw = new BufferedWriter(fw);

    // 读写数据
    char[] chs = new char[1024];
    int len;
    while ((len = br.read(chs)) != -1){
        bw.write(chs, 0, len);
    }

    // 释放资源
    br.close();
    bw.close();
}
```

2. 字符缓冲区的特有功能

- BufferedWriter 类—— void newLine()：行分隔符，根据不同系统写入分隔符。

- BufferedReader 类——String readLine()：读一行文字，不包括换行符，读完返回 null。

```java
public static void main(String[] args) throws IOException {
    BufferedWriter bw = new BufferedWriter(new FileWriter("test.txt"));
    BufferedReader br = new BufferedReader(new FileReader("test.txt"));

    // 在文件中写入数据
    bw.write("Hello");
    bw.newLine();
    bw.write("IT老邪 ");
    bw.newLine();
    bw.flush();       // 刷新流

    String line;
    while ((line = br.readLine()) != null){
        // 读取一行，不包括换行符
        System.out.print(line);
    }

    bw.close();
    br.close();
}
```

3. 利用字符缓冲区的特有功能实现字符文件的复制

```java
public static void main(String[] args) throws IOException {
    final String SRC = "Demo01.java"; // 源文件
    final String DEST = "test.java"; // 目标文件
    // 定义字符输入流对象
    FileReader fr = new FileReader(SRC);
    // 定义字符输出流对象
    FileWriter fw = new FileWriter(DEST);
    // 定义缓冲区对象
    BufferedReader br = new BufferedReader(fr);
    BufferedWriter bw = new BufferedWriter(fw);

    // 一次读写一行进行复制
    String line;
    while ((line = br.readLine()) != null){
```

```
        bw.write(line);
        bw.newLine();
        bw.flush();
    }

    // 释放资源
    br.close();
    bw.close();
}
```

16.4 标准输入流和标准输出流

从本质上来说，标准输入流和标准输出流也是 I/O 流，下面准备了两个基础用法作为参考。

1. System.in（标准输入流）

案例如下。

```
public static void main(String[] args) throws IOException {
    InputStream in = System.in;
    InputStreamReader isr = new InputStreamReader(in);
    BufferedReader br = new BufferedReader(isr);

    System.out.println("您输入的是：" + br.readLine());

    br.close();
}
```

2. System.out（标准输出流）

案例如下。

```
public static void main(String[] args) throws IOException {
    PrintStream out = System.out;
    OutputStreamWriter osw = new OutputStreamWriter(out);
    BufferedWriter bw = new BufferedWriter(osw);

    bw.write("Hello 老邪！");

    bw.close();
}
```

第 17 章
/
序列化

17.1　对象序列化

对象序列化指的是将对象保存到磁盘中，或者是在网络中传输对象。

这种机制就是使用一个字节序列表示一个对象，该字节序列包括：对象的类型、对象的数据和对象中存储的属性等信息。在把字节序列写到文件中之后，就相当于在文件中持久化保存了一个对象的信息，反之，该字节序列可以从文件中读取回来，重构对象，对其进行反序列化操作。

想要实现序列化与反序列化，就需要使用对象序列化流和对象反序列化流。

- 对象序列化流：`ObjectOuptStream`。

- 对象反序列化流：`ObjectInputStream`。

17.2　对象序列化流

对象序列化流：`ObjectOuptStream`。

将 Java 对象的原始数据类型和图形写入 `OutputStream`。可以使用 `ObjectInputStream` 读取（重构）对象。通过使用流的文件来实现对象的持久化存储。如果是网络套接字流，则可以在另一个主机上或另一个进程中重构对象。

- 构造方法是 `ObjectOutputStream(OutputStream out)`：创建一个写入指定的

`ObjectStream` 的 `ObjectOutputStream`。

- 序列化对象的方法是 `void WriteObject(Object obj)`：将指定的对象写入 `ObjectOutputStream`。

注意：
- 如果一个对象想被序列化，则该对象所属的类必须实现 `Serializable` 接口。
- `Serializable` 是一个标记接口，实现该接口不需要重写任何方法。

17.3　对象反序列化流

对象反序列化流：`ObjectInputStream`。

`ObjectInputStream` 在反序列化之前使用的是 `ObjectOutputStream` 序列化过的原始数据和对象。

- 构造方法是 `ObjectInputStream(InputStream in)`：创建从指定的 `InputStream` 对象中读取的 `ObjectInputStream`。

- 反序列化对象的方法是 `Object readObject()`：从 `ObjectInputStream` 中读取一个对象。

17.4　案例（读写）

案例源码：Stu.java。

```java
// Stu 类即将被串行化，在定义时实现 Serializable 接口
public class Stu implements Serializable {
    private String name;
    private int age;

    public Stu() {
    }

    public Stu(String name, int age) {
        this.name = name;
        this.age = age;
    }
```

```java
    public String getName() {
        return name;
    }

    public void setName(String name) {
        this.name = name;
    }

    public int getAge() {
        return age;
    }

    public void setAge(int age) {
        this.age = age;
    }
}
```

案例源码：ObjectOutputStreamDemo.java。

```java
public class ObjectOutputStreamDemo {
    public static void main(String[] args) throws IOException,
ClassNotFoundException {
        // 创建对象输出流对象
        ObjectOutputStream oos = new ObjectOutputStream(new
FileOutputStream("oos.txt"));

        // 实例化实体类对象
        Stu s = new Stu("iceWan", 18);

        // 将对象写入流
        oos.writeObject(s);

        // 关闭资源
        oos.close();

        // 通过以上动作即可将一个对象通过流的方式写入一个文件

        // ======================= 读写分隔线 ===========================

        // 创建对象输入流
        ObjectInputStream ois = new ObjectInputStream(new FileInputStream
("oos.txt"));
```

```
        // 从对象输入流中读取对象并向下转换为原实体类型
        Stu sNew = (Stu) ois.readObject();

        // 输出实体类对象中的成员
        System.out.println(sNew.getName());
        System.out.println(sNew.getAge());

        // 关闭资源
        ois.close();

        // 通过以上操作即可将一个对象从一个文件中成功地读取到程序代码中
    }
}
```

17.5　序列化过程中的问题

在序列化了一个对象之后，如果修改了对象所属的类文件，读取是否会出现问题？如果出现问题了，该如何处理？

答案：如果出现了以上问题，则可以在实体类中添加以下代码，等号后面的值可以随意填写。

```
private static final long serivalVersionUID = 9527L
```

如果一个对象中的某个成员的值不想被序列化，该如何处理？

答案：在实体类定义成员时，通过 transient 关键字修饰即可。

第 18 章
/
异常

异常就是不正常，在 Java 中，异常主要指的是在运行中发生的错误。

18.1　异常处理方式

默认处理方式：当程序在执行过程中产生异常时，若没有手动处理，则用 Java 虚拟机默认的方式处理。

手动处理方式：根据实际的业务逻辑来执行出现异常之后的善后动作。

18.2　异常类

`java.lang.Throwable` 类是 Java 程序所有错误的父类，主要有 `Error` 类和 `Exception` 类两种。

- `Error` 类：主要描述比较严重的错误，这些错误不可以通过编程来解决。

- `Exception` 类：主要描述比较轻量级的错误，这些错误可以通过编程来解决。

`Exception` 类主要有三种：`RuntimeException`、`IOException` 和其他异常类。

- `RuntimeException`：运行时异常类，属于非监测性异常类，即在编译阶段无法被监测出来的异常。

  - `ArithmeticException`：算术异常类。

○　`ArrayIndexOutOfBoundsException`：数组下标越界异常。

○　`NullPointerException`：空指针异常。

○　`ClassCastException`：类型转换异常。

○　`NumberFormatException`：数字格式异常。

`IOException` 和其他异常类属于监测性异常类。例如，`FileInputStream` 类是在创建（`new`）对象时产生的异常。

18.3　异常的解决方案

异常的解决方案如下。

● 通过条件判断来避免异常的出现。

● 通过 try、catch 捕获异常并处理。

案例如下。

```
try{
       /* 容易出现问题的代码 */
}catch( 异常对象 ){
       /* 异常解决办法 */
}finally{
       /* 必须执行的代码 */
}
```

注意：

● 当有多个 `catch` 时子类写上面，父类写下面。

● `finally` 中的代码无论是否产生异常都会被执行，即便使用 `return` 也无法跳过！

案例如下。

```
package com.itlaoxie;

/**
 * @ClassName Demo
 * @Description: TODO 手动处理异常
```

```java
*/
public class Demo {
    public static void main(String[] args) {
        System.out.println(" 开始运行 ");
        method();
        System.out.println(" 结束运行 ");
    }

    private static void method() {
        // 数组下标越界，非监测性异常
        int[] arr = new int[10];
        try {
            arr[12] = 1;                // 故意访问非法的下标触发异常
            // arr[4] = 19;
        }catch (Exception e){          // 在这里捕获异常
            System.err.println(" 数组下标越界 ");
            // return;
            // 在处理异常的时候，return 对于 finally 不起任何作用
        }finally {
            // finally 中的语句无论如何都会被执行
            System.out.println(" 我是 finally 中的语句 ");
        }
    }
}
```

18.4 异常的抛出

当异常产生后无法直接处理或者不想直接处理时，可以将异常转移给当前方法的调用者。

格式如下。

返回值类型 方法名（参数列表）**throws** 异常类型 { 方法体 }

注意：在方法重写时抛出的异常不能多于被重写方法抛出的异常。

案例如下。

```java
package com.itlaoxie;

import java.io.FileNotFoundException;
```

```java
import java.io.FileReader;
import java.io.IOException;

/**
 * @ClassName Demo
 * @Description: TODO 监测性异常的处理
 */
public class Demo {
    public static void main(String[] args) throws IOException {
        // 在使用 FileReader 实例化对象时会触发一个监测性异常 IOException
        // 如果我们不想手动处理这个异常，则可以直接将异常抛出方法体外
        // 只需要在方法体的后面添加 throw 异常类，就可以将异常抛出了
        // 如果是在主方法上做 throw 操作，则相当于把这个异常交给 Java 去处理
        FileReader fr = new FileReader("./myTest.txt");

        int read = fr.read();

        fr.close();
    }
}
```

18.5 自定义异常类

自定义异常类的作用是实现 Java 官方库中没有描述的异常。

异常的种类很多，在 Java 官方库中不可能完全涵盖。比如，一个用户的年龄输入不符合常识，这也是一种异常。类似这种在 Java 官方库中没有的异常，我们就可以通过自定义异常来实现。

语法：

```java
throw new Exception();
```

- 自定义 Exception 类。
- 继承 Exception 类并设置构造方法：有参（调用父类中的有参构造方法）、无参。

案例源码：com.itlaoxie.AgeException.java——自定义异常类。

```java
package com.itlaoxie;

/**
```

```
 * @ClassName AgeException
 * @Description: TODO 自定义异常类
 */
public class AgeException extends Exception{
    public AgeException() {
    }

    public AgeException(String message) {
        super(message);
    }
}
```

案例源码：com.itlaoxie.Student.java ——实体类。

```
package com.itlaoxie;

/**
 * @ClassName Student
 * @Description: TODO
 */
public class Student {
    private int age;

    public Student() {
    }

    public Student(int age) {
        this.age = age;
    }

    public int getAge() {
        return age;
    }

    public void setAge(int age) throws AgeException {
        if (age < 0 || age > 100){
            this.age = 18;
            throw new AgeException("年龄非法！~默认值设置为18！~");
        }
        this.age = age;
    }
}
```

案例源码：com.itlaoxie.Demo.java—— 测试类。

```java
package com.itlaoxie;

/**
 * @ClassName Demo
 * @Description: TODO 自定义异常测试类
 */
public class Demo {
    public static void main(String[] args) throws AgeException {
        Student stu = new Student();
     // stu.setAge(999); // 触发异常的年龄赋值
        stu.setAge(89);
        System.out.println(stu.getAge());
    }
}
```

第 19 章
/
Java 中的集合

19.1　集合概述

编程的时候如果需要存储多个数据，那么使用长度固定的数组不一定能满足我们的需求，无法适应变化，此时我们可以选择使用集合。

集合的特点：是一种存储空间可变的数据类型，存储数据的容量可以改变。

Collection 是单列集合，对应的双列集合是 **Map**（其中接口加粗标记，实现类用斜体标记）。

- 单列集合 **Collection**：

  - ○ **List** 值可重复：*ArrayList*、*LinkedList* 等。
  - ○ **Set** 值不可重复：*HashSet*、*TreeSet* 等。

- 双列集合 **Map**：*HashMap*、*TreeMap* 等。

19.2　ArrayList

ArrayList 是 List 接口的实现类，可以实现数组的动态存储。可以把 ArrayList 看作任意长度可变的数组，但是其使用方法与数组不同，一般使用数组名加下标的方式来访问数组成员，对于集合则通过对象名及成员方法对元素进行操作。

`ArrayList<E>` 的解释如下。

- 由可调整大小的数组实现。

- <E>：一种特殊的数据类型，泛型（必须是引用数据类型），例如 ArrayList<String> 或 ArrayList<Student>。

19.2.1 ArrayList 构造方法和添加方法

ArrayList 的构造方法和添加方法的方法名及说明如下表所示。

方法名	说明
public ArrayList()	创建一个空的集合对象
public boolean add(E e)	将指定的元素追加到此集合的末尾
public void add(int index, E element)	在此集合中的指定索引处插入指定的元素

简单示例如下。

```java
public static void main(String[] args) {
    // ArrayList<String> list = new ArrayList<String>();//JDK < 1.7
    ArrayList<String> list = new ArrayList<>();
    // 在 JDK 1.7 以上的版本中，实例化对象时，后面的泛型可以省略，但是等号前面的泛型
    // 不可以省略

    list.add("Hello");
    list.add("world");
    list.add("Java");
    list.add("SE");

    // 添加到集合索引为 1 的位置，其他元素向后移动
    // list.add(10, "EE");
    // 目前集合中只有四个元素，我们可以向集合的中间位置或最后一个元素的所在位置等指定索引处
    // 插入元素
    // 注意在集合中根据指定的索引插入元素的时候，也会出现下标越界问题

    System.out.println("list = " + list);
}
```

19.2.2 ArrayList 集合中的常用方法

ArrayList 集合中的常用方法的方法名及说明如下表所示。

方法名	说明
public boolean remove(Object o)	删除指定的元素，返回删除是否成功
public E remove(int index)	删除指定索引处的元素，返回删除的元素
public E set(int index, E element)	修改指定索引处的元素，返回修改的元素
public E get(int index)	返回指定索引处的元素
public int size()	返回集合中元素的个数

1. 案例：遍历集合

```java
public static void main(String[] args) {
    // 实例化一个空的集合
    ArrayList<String> list = new ArrayList<>();

    // 依次向集合中添加元素
    list.add("JavaSE");
    list.add("MySQL");
    list.add("JavaWeb");
    list.add("Spring");

    // 通过普通的 for 循环遍历集合中的元素，其中循环次数利用 list.size() 方法来控制
    // for (int i = 0; i < list.size(); i++) {
    // System.out.println(list.get(i)); // list.get(i) 用于取得指定索引处的元素
    // }

    // 利用增强 for 循环来遍历集合
    for (String str : list){
        // 将 list 中的元素，依次赋值给局部变量 str
        System.out.println(str);
    }
}
```

2. 案例：存储学员对象并遍历

案例源码：com.itlaoxie.demo01.Student.java。

```java
package com.itlaoxie.demo01;

public class Student {
    private String name;
    private int age;
    public Student(){}
```

```java
    public Student(String name, int age) {
        this.name = name;
        this.age = age;
    }

    public String getName() {
        return name;
    }

    public void setName(String name) {
        this.name = name;
    }

    public int getAge() {
        return age;
    }

    public void setAge(int age) {
        this.age = age;
    }
}
```

案例源码：com.itlaoxie.demo01.StudentRun.java——直接初始化集合。

```java
package com.itlaoxie.demo01;

import java.util.ArrayList;

public class StudentRun {
    public static void main(String[] args) {
        ArrayList<Student> stuList = new ArrayList<>();

        stuList.add(new Student("张三", 18));
        stuList.add(new Student("李四", 19));
        stuList.add(new Student("王五", 20));
        stuList.add(new Student("赵六", 21));

        for (Student stu : stuList){
            System.out.println(stu.getName() + " <==> " + stu.getAge());
        }
    }
}
```

案例源码：com.itlaoxie.demo01.StudentRun.java——通过键盘初始化集合。

```java
package com.itlaoxie.demo01;

import java.util.ArrayList;
import java.util.Scanner;

public class StudentRun {
    public static void main(String[] args) {
        ArrayList<Student> stuList = new ArrayList<>();
        Scanner sc = new Scanner(System.in);

        while (true) {
            System.out.print("请输入姓名：");
            String name = sc.nextLine();
            if (name.equals("exit"))
                break;
            System.out.print("请输入年龄：");
            int age = sc.nextInt();
            sc.nextLine();   // 处理掉缓冲区内的回车符
            stuList.add(new Student(name, age));
        }

        for (Student stu : stuList){
            System.out.println(stu.getName() + " <==> " + stu.getAge());
        }
    }
}
```

案例源码：com.itlaoxie.demo01.StudentRun.java——将输入功能封装成函数，并调用输入函数进行初始化。

```java
package com.itlaoxie.demo01;

import java.util.ArrayList;
import java.util.Scanner;

public class StudentRun {
    public static void main(String[] args) {
        ArrayList<Student> stuList = new ArrayList<>();

        while (addStudent(stuList));

        for (Student stu : stuList){
            System.out.println(stu.getName() + " <==> " + stu.getAge());
        }
```

```
    }

    /**
     * addStudent          添加学员信息
     * @param stuList       目标 ArrayList 集合
     * @return              继续添加：true    不继续添加：false
     */
    public static boolean addStudent(ArrayList<Student> stuList){
        // Scanner sc = new Scanner(System.in);
        // 使用新的键盘输入缓冲区来解决多余回车符的问题
        System.out.print("请输入姓名：");
        String name = new Scanner(System.in).nextLine();
        if (name.equals("exit"))
            return false;
        System.out.print("请输入年龄：");
        int age = new Scanner(System.in).nextInt();
        // sc.nextLine();   // 处理掉缓冲区内的回车符
        return stuList.add(new Student(name, age));
    }
}
```

3. 案例：学员管理系统

这里我们在控制台模拟 MVC 的模式来实现学员管理系统的编写。其中 M 表示的是 Model，也就是模型层，主要做数据相关的处理；V 表示的是 View，也就是视图层，主要做显示页面相关的处理；C 表示的是 Controller，也就是控制层，主要做功能调度相关的处理。

MVC 在后续的深入学习过程中将会接触到。对于大型项目的项目结构，可以试试使用 MVC 模式。这里先做个铺垫，在后续深入学习的过程中再次遇到 MVC 的时候，就不会觉得陌生了。

学员管理系统程序的结构：

- Student.java：学生实体类。

- Global.java：全局类，定义一些全局的功能性方法。

- StuModel.java：数据操作类，模型层，用于数据的 CRUD 处理。

- StuController.java：控制器类，控制层，用于功能调度。

- StuPage.java：显示页面类，视图层，用于数据及功能相关的展示。

- StuManagerMain.java：主测试类。

案例源码：com.itlaoxie.demo02.Student.java。

```java
package com.itlaoxie.demo02;

/**
 * @ClassName Student
 * @Description: TODO 学员类
 */
public class Student {
    // 成员属性私有化
    private int id;            // 学号
    private String name;       // 姓名
    private String sex;        // 性别
    private int age;           // 年龄
    private float score;       // 成绩

    // 全参数构造方法
    public Student(int id, String name, String sex, int age, float score) {
        this.id = id;
        this.name = name;
        this.sex = sex;
        this.age = age;
        this.score = score;
    }

    // 构造方法重载, 不包含 id 字段
    public Student(String name, String sex, int age, float score) {
        this.name = name;
        this.sex = sex;
        this.age = age;
        this.score = score;
    }

    // 无参构造方法
    public Student() {
    }

    // 常规 Set/Get 方法
    public int getId() {
        return id;
    }

    public void setId(int id) {
        this.id = id;
    }
```

```java
    public String getName() {
        return name;
    }

    public void setName(String name) {
        this.name = name;
    }

    public String getSex() {
        return sex;
    }

    public void setSex(String sex) {
        this.sex = sex;
    }

    public int getAge() {
        return age;
    }

    public void setAge(int age) {
        this.age = age;
    }

    public float getScore() {
        return score;
    }

    public void setScore(float score) {
        this.score = score;
    }

    // toString方法的重写，方便直接输出对象（根据自己的需求可写可不写）
    @Override
    public String toString() {
        return "Student{" +
                "id=" + id +
                ", name='" + name + '\'' +
                ", sex='" + sex + '\'' +
                ", age=" + age +
                ", score=" + score +
                '}';
    }
}
```

案例源码：com.itlaoxie.demo02.Global.java。

```java
package com.itlaoxie.demo02;

import java.util.ArrayList;

/**
 * @ClassName Global
 * @Description: TODO 全局类，定义一些功能性的方法
 */
public class Global {
    // 公有静态全局变量，用于记录学员的 ID，并初始化为 1
    public static int stuID = 1;
    // 初始化空的学员类集合
    public static ArrayList<Student> stuList = new ArrayList<>();

    // 构造方法私有化，禁止在类外对其进行实例化
    private Global(){}

    // 直接初始化测试数据，添加一些用于测试的学员类对象，数量可自行设置
    public static void initStuList() {
        stuList.add(new Student(stuID++, "ZhangSan", "1", 19 , 99));
        stuList.add(new Student(stuID++, "LiSi", "0", 17 , 100));
        stuList.add(new Student(stuID++, "WangWu", "1", 18 , 39));
        stuList.add(new Student(stuID++, "ZhaoLiu", "0", 11 , 100));
        stuList.add(new Student(stuID++, "NiuQi", "1", 19 , 98));
        // ... ...
    }
}
```

案例源码：com.itlaoxie.demo02.StuModel.java。

```java
package com.itlaoxie.demo02;

import java.util.ArrayList;

/**
 * @ClassName StuModel
 * @Description: TODO 数据处理 模型层
 * @Author: ice_wan@msn.cn
 */
public class StuModel {
    /**
     * 获取所有的学员信息
     * @return 所有的学员信息集合
```

```java
    */
    public ArrayList<Student> getAll() {
        return Global.stuList;
    }

    /**
     * 根据学员的 ID 查询数据
     * @param stuID 学员 ID
     * @return 查询结果集合
     */
    public ArrayList<Student> getByStuID(int stuID) {
        ArrayList<Student> resList = new ArrayList<>();

        for (Student stu : Global.stuList){
            if (stuID == stu.getId())
                resList.add(stu);
        }// 查询过程

        return resList;
    }

    /**
     * 根据姓名查询
     * @param stuName 学员姓名
     * @return 查询结果集合
     */
    public ArrayList<Student> getByStuName(String stuName) {
        ArrayList<Student> resList = new ArrayList<>();

        for (Student stu : Global.stuList){
            if (stuName.equals(stu.getName()))
                resList.add(stu);
        }// 查询过程

        return resList;
    }

    /**
     * 添加学员信息
     * @param stuAdd 一个要被添加的学员信息，不包含学员的 ID 信息，
     *                   如果为 Null，则说明结束添加
     * @return 继续添加返回 true，结束添加返回 false
     */
    public boolean doAddStu(Student stuAdd) {
        if (null == stuAdd)
            return false;
        // 通过实例化对象，让 ID 自增并且获取一个完整的学员对象
```

```java
        Student stu = new Student(
                Global.stuID++,
                stuAdd.getName(),
                stuAdd.getSex(),
                stuAdd.getAge(),
                stuAdd.getScore()
                );
        return Global.stuList.add(stu);
    }

    /**
     * 根据学员 ID 删除学员
     * @param delID 要删除的学员 ID
     */
    public void doDelStuByID(int delID) {
        for (int i = 0; i < Global.stuList.size(); i++) {
            if (delID == Global.stuList.get(i).getId()){
                Global.stuList.remove(i);
                return;
            }
        }
    }

    /**
     * 更新学员
     * @param stuNew 要更新的学员信息
     */
    public void doUpdateStu(Student stuNew) {
        for (int i = 0; i < Global.stuList.size(); i++) {
            if (stuNew.getId() == Global.stuList.get(i).getId()){
                Global.stuList.set(i, stuNew);
                return;
            }
        }
    }
}
```

案例源码：com.itlaoxie.demo02.StuController.java。

```java
package com.itlaoxie.demo02;

import java.util.ArrayList;

/**
 * @ClassName StuController
 * @Description: TODO 功能调度控制器
```

```java
*/
public class StuController {
    // 实例化 StuModel 类对象，后续进行数据操作时使用
    private StuModel sm = new StuModel();

    /**
     * 总控制器，功能调度方法
     * @param a 用户的请求数据 - 用户选择的功能
     */
    public void action(int a) {
        switch (a) {
            case 1: // 查询学员信息
                // 定义一个二级页面
                // 通过二级页面获取一个查询请求数据
                int sa = StuPage.selShowBy();
                // 查询功能调度，二级菜单
                selAction(sa);
                break;
            case 2: // （新增）添加学员信息
                // （可以添加一个，也可以添加多个）
                // 当输入的 over 作为学员姓名的时候，就不再继续添加
                // 获取一个要添加的学员对象
                // Student stuAdd = StuPage.getAddStu();
                // 将要填加的学员对象传递给模型层，实现添加
                // 这里可以利用循环和 getAddStu 方法的返回值，添加多个
                while (sm.doAddStu(StuPage.getAddStu()));
                break;
            case 3: // 修改学员信息
                // 获取要修改的学员 ID
                int editStuID = StuPage.getStuID();
                // 通过 ID 查询要修改的学员信息
                ArrayList<Student> editStu = sm.getByStuID(editStuID);
                // 在编辑页面中显示原有的学员信息，并且等待输入新的信息
                // 通过编辑页面编辑之后，得到一个新的对象
                Student stuNew = StuPage.editStu(editStu.get(0));
                // 更新学员信息
                sm.doUpdateStu(stuNew);
                break;
            case 4: // 删除学员信息
                // 获取要删除的学员 ID
                int delID = StuPage.getStuID();
                // 输出确认删除信息，Y: 确认; N: 取消
                ArrayList<Student> delStu = sm.getByStuID(delID);
                if (!delStu.isEmpty()){
                    StuPage.showStuList(delStu);
```

```java
                        // true 表示确认删除，false 表示取消
                        if (StuPage.delAlert()){
                            sm.doDelStuByID(delID);
                        }
                    }else {
                        StuPage.failed(" 要删除的学员信息不存在！~");
                    }
                    // 如果返回 Y，就删除；如果返回 N，就什么都不做
                    break;
                case 0: // 退出
                    System.out.println(" 退出 ");
                    System.exit(0);
                    break;
            }
        }


        /**
         * 查询功能的调度器
         * @param sa 用户输入的具体操作选项
         */
        private void selAction(int sa) {
            switch (sa) {
                case 1: // 查询全部
                    // 获取所有的学员信息
                    ArrayList<Student> allStuList = sm.getAll();
                    // 通过页面输出信息
                    StuPage.showStuList(allStuList);
                    break;
                case 2: // 根据学号查询
                    // 获取学号
                    int stuID = StuPage.getStuID();
                    // 通过学号获取学员
                    ArrayList<Student> stuListByID = sm.getByStuID(stuID);
                    // 显示学员
                    StuPage.showStuList(stuListByID);
                    break;
                case 3: // 根据姓名查询
                    // 获取姓名
                    String stuName = StuPage.getStuName();
                    // 通过姓名获取学员
                    ArrayList<Student> stuListByName = sm.getByStuName(stuName);
                    // 显示学员
                    StuPage.showStuList(stuListByName);
                    break;
                case 4: // 性别（自己完成）
```

```
            break;
        case 5: // 年龄（自己完成）
            break;
        case 6: // 成绩（自己完成）
            break;
        case 0: // 退出查询
            break;
        }
    }
}
```

源码案例：com.itlaoxie.demo02.StuPage.java。

```java
package com.itlaoxie.demo02;

import java.util.ArrayList;
import java.util.Scanner;

/**
 * @ClassName StuPage
 * @Description: TODO 页面类视图层数据的展示与请求数据的获取
 * @Author: ice_wan@msn.cn
 */
public class StuPage {
    // 构造方法私有化，禁止在类外部对其进行实例化
    private StuPage() {
    }

    /**
     * 欢迎页面，获取用户的操作数据
     * @return 用户的操作意图
     */
    public static int welcome() {
        System.out.println("* ****************************** *");
        System.out.println("* 欢迎使用简易版学员管理系统 ");
        System.out.println("* 1 - 查询学员 ");
        System.out.println("* 2 - 添加学员 ");
        System.out.println("* 3 - 修改学员 ");
        System.out.println("* 4 - 删除学员 ");
        System.out.println("* 0 - 退出系统 ");
        System.out.println("* ****************************** *");

        int a;

        do {
```

```java
            System.out.print(" 请输入正确的功能序号: ");
            a = new Scanner(System.in).nextInt();
        } while (a < 0 || a > 4);

        return a;
    }


    /**
     * 查询二级菜单页面
     * @return 查询依据
     */
    public static int selShowBy() {
        System.out.println("* ***************************** *");
        System.out.println("* 查询功能选择页面 ");
        System.out.println("* 1 - 查询全部 ");
        System.out.println("* 2 - 按学号查询 ");
        System.out.println("* 3 - 按姓名查询 ");
        System.out.println("* 4 - 按性别查询 ");
        System.out.println("* 5 - 按年龄查询 ");
        System.out.println("* 6 - 按成绩查询 ");
        System.out.println("* 0 - 按学号查询 ");
        System.out.println("* ***************************** *");

        int a;

        do {
            System.out.print(" 请输入正确的查询功能序号: ");
            a = new Scanner(System.in).nextInt();
        } while (a < 0 || a > 6);

        return a;
    }


    /**
     * 使用格式化输出显示学员信息集合（多个）
     * @param stuList 学员信息集合
     */
    public static void showStuList(ArrayList<Student> stuList) {
        String[] sex = {"girl", "boy"};

        System.out.printf("┌──────────────────────────┐\n");
        System.out.printf("|%-4s|%-12s|%-6s|%-6s|%-6s|\n", "ID", "NAME",
"SEX", "AGE", "SCORE");
        for (Student stu : stuList) {
            System.out.printf("├───┼──────┼────┼────┼────┤\n");
```

```java
        System.out.printf("|%-4d|%-12s|%-6s|%-6d|%-6.1f|\n",
                stu.getId(),
                stu.getName(),
                sex[Integer.parseInt(stu.getSex())],
                stu.getAge(),
                stu.getScore());
    }
    System.out.printf("└──────┴────────┴──────┴──────┴──────┘\n");
}

/**
 * 获取要查询的学员 ID
 * @return 学员 ID
 */
public static int getStuID() {
    System.out.print("请输入要查询的学员 ID: ");
    return new Scanner(System.in).nextInt();
}

/**
 * 获取学员姓名
 * @return 姓名
 */
public static String getStuName() {
    System.out.print("请输入要查询的学员姓名: ");
    return new Scanner(System.in).nextLine();
}

/**
 * 获取一个学员对象, 用于添加到学员集合当中
 * @return 继续添加 - 用户输入的学员对象 - 不完整的学员对象, 不包含 ID
 * 不想添加了 -null
 */
public static Student getAddStu() {
    System.out.print("请输入姓名: ");
    String stuName = new Scanner(System.in).nextLine();
    if ("over".equals(stuName))
        return null;
    System.out.print("请输入性别: ");
    String stuSex = new Scanner(System.in).next();
    System.out.print("请输入年龄: ");
    int stuAge = new Scanner(System.in).nextInt();
    System.out.print("请输入成绩: ");
    float stuScore = new Scanner(System.in).nextFloat();
```

```java
        return new Student(stuName, stuSex, stuAge, stuScore);
    }

    /**
     * 操作失败页面
     * @param info 失败信息
     */
    public static void failed(String info) {
        System.out.println(" 操作失败！ ~ " + info);
    }

    /**
     * 获取是否要删除
     * @return true 为确认删除，false 为取消删除
     */
    public static boolean delAlert() {
        System.out.print("Y: 确认删除 / N: 取消删除 - ：");
        switch (new Scanner(System.in).next()) {
            case "Y":
            case "y":
                return true;
            case "N":
            case "n":
                return false;
            default:
                System.out.println(" 输入非法，取消删除！ ~");
        }
        return false;
    }

    /**
     * 编辑页面 包含原有信息对象的内容
     * @param student 原有信息对象
     * @return 新的信息对象
     */
    public static Student editStu(Student student) {
        System.out.print(" 请输入姓名 (" + student.getName() + ")：");
        String stuName = new Scanner(System.in).nextLine();
        System.out.print(" 请输入性别 (" + student.getSex() + ")：");
        String stuSex = new Scanner(System.in).next();
        System.out.print(" 请输入年龄 (" + student.getAge() + ")：");
        int stuAge = new Scanner(System.in).nextInt();
        System.out.print(" 请输入成绩 (" + student.getScore() + ")：");
        float stuScore = new Scanner(System.in).nextFloat();
```

```
        // 将原有对象中的 ID 字段也放到新的对象当中，返回一个完整的学员对象
        return new Student(student.getId(), stuName, stuSex, stuAge,
stuScore);
    }
}
```

案例源码：com.itlaoxie.demo02.StuManagerMain.java。

```
package com.itlaoxie.demo02;

/**
 * @ClassName StuManagerMain
 * @Description: TODO 主类，测试类
 * @Author: ice_wan@msn.cn
 */
public class StuManagerMain {
    // 实例化一个控制器对象
    private static StuController sc = new StuController();

    public static void main(String[] args) {
        // 测试类主方法
        // ArrayList<Student> stuList = new ArrayList<>();
        // 调用 Global 类中的测试数据初始化方法来初始化学员数据集合
        Global.initStuList();

        // System.out.println(Global.stuList);
        // 输出欢迎页面，并让用户选择要进行的操作，获取对应的序号
        while (true){
            int a = StuPage.welcome();
            sc.action(a);
        }// 在一个死循环里进行程序功能操作
    }
}
```

19.3　Collection

19.3.1　Collection 集合概述

　　Collection 是单列集合的顶层接口，表示一组对象，这些对象也称为 Collection 的元素。JDK 不提供子接口的任何实现，但提供更具体的子接口（如 Set 和 List 等）。

Collection 集合的简单应用示例如下。

```java
package com.itlaoxie.demo01;

import java.util.ArrayList;
import java.util.Collection;

public class CollectionDemo01 {
    public static void main(String[] args) {
        // 通过多态形式初始化对象，利用实现类 ArrayList
        Collection<String> c = new ArrayList<>();

        c.add("Hello ");
        c.add("world ");
        c.add("Java ");

        // 直接输出集合，相当于调用了 toString 方法
        System.out.println(c);
    }
}
```

19.3.2　Collection 集合常用方法

Collection 集合常用方法的方法名及说明如下表所示。

方法名	说明
boolean add(E e)	添加元素
boolean remove(Object o)	从集合中移除指定的元素
void clear()	清空集合中的元素
boolean contains(Object o)	判断集合中是否存在指定的元素
boolean isEmpty()	判断集合是否为空
int size()	计算集合的长度，也就是集合中元素的个数

19.3.3　Collection 集合的遍历

- Collection 集合的常用遍历方式是使用 Iterator 迭代器，这也是集合的专用遍历方式。

- Iteratco<E> iterator()：返回集合中元素的迭代器，通过集合的 iterator() 方法得到。

- 迭代器是通过集合的 iterator() 方法得到的，所以它是依赖于集合而存在的。

Iterator 中常用方法的方法名及说明如下表所示。

方法名	说明
<E> next()	返回迭代器中的下一个元素
boolean hasNext()	如果有迭代，且后面具有更多元素，则返回 true

Collection 集合遍历示例代码如下。

```java
public static void main(String[] args) {
    // 通过多态形式初始化对象，利用实现类 ArrayList
    Collection<String> c = new ArrayList<>();

    c.add("Hello ");
    c.add("world ");
    c.add("Java ");

    Iterator<String> it = c.iterator();
    while (it.hasNext()){
        System.out.println(it.next());
    }
    // 实际上我们在使用增强 for 循环遍历集合的时候，底层调用的就是迭代器
}
```

19.4　List

19.4.1　List 集合概述

List 为有序集合（也称为序列），用户可以精确控制序列中每个元素的插入位置。用户可以通过整数索引访问其中的元素，并搜索序列中的元素。

List 集合与 Set 集合不同，序列中通常允许出现重复的元素。List 集合的特点如下。

● 有序：存储和读取元素的顺序一致。

● 可重复：存储的元素可以重复。

List 集合的简单应用示例如下。

```java
public static void main(String[] args) {
    List<String> list = new ArrayList<>();
```

```
    list.add("Hello");
    list.add("world");
    list.add("Java");
    list.add("Hello"); // 可以添加重复的元素，并可以成功存放到集合中

    System.out.println(list);
}
```

19.4.2　List 集合特有方法

List 集合的特有方法的方法名及说明如下表所示。

方法名	说明
void add(int index, E element)	在集合中指定索引处插入指定的元素
E remove(int index)	删除指定索引处的元素，返回被删除的元素
E set(int index, E element)	修改指定索引处的元素，返回被修改的元素
E get(int index)	返回指定索引处的元素

注意：在索引访问错误的时候会出现 "IndexOutOfBoundsException" 异常。

19.4.3　List 集合的遍历

List 集合遍历的示例代码如下。

```
package com.itlaoxie.demo01;

import java.util.ArrayList;
import java.util.Iterator;
import java.util.List;

public class ListDemo01 {
    public static void main(String[] args) {
        List<String> list = new ArrayList<>();

        list.add("Hello");
        list.add("world");
        list.add("Java");

        // 使用普通的 for 循环对集合进行遍历
        // for (int i = 0; i < list.size(); i++) {
```

```
//        System.out.println(list.get(i));
//    }

    // 使用增强 for 循环对集合进行遍历
    // for (String str : list){
    //        System.out.println(str);
    // }

    // 使用迭代器对集合进行遍历
    Iterator<String> it = list.iterator();
    while(it.hasNext()){
        System.out.println(it.next());
    }
    }
}
```

19.4.4　并发修改异常

案例源码：ConcurrentModificationException——并发修改异常。

```
package com.itlaoxie.demo01;

import java.util.ArrayList;
import java.util.Iterator;
import java.util.List;

public class ListDemo01 {
    public static void main(String[] args) {
        List<String> list = new ArrayList<>();

        list.add("Hello");
        list.add("world");
        list.add("Java");

        // Iterator<String> it = list.iterator();

        // while(it.hasNext()){
            // 由于 next 方法中调用了 checkForComodification()
            // 判断了预期修改值和实际修改值，所以出现了并发修改异常
        //     String str = it.next();
        //     if (str.equals("Java")){
        //         list.add("JavaEE");
                // add 中修改了预期修改值，造成与实际修改值不一致
```

```
//        }
// } // ConcurrentModificationException: 并发修改异常
// *** 通过 "迭代器" 遍历，但是 "迭代器" 不具备添加功能，
// *** 通过 "集合" 添加会出现并发修改异常 ***

// 解决办法：使用普通的 for 循环进行遍历，通用模式可以避免并发修改异常的出现
for (int i = 0; i < list.size(); i++) {
    String str = list.get(i);
    if (str.equals("Java")){
        list.add("JavaEE");
    }
}

System.out.println(list);
    }
}
```

19.4.5 ListIterator

ListIterator 为列表迭代器，其特点如下。

- 通过 List 集合的 listIterator() 方法得到，所以是 List 集合的特有迭代器。
- 允许程序员沿任何一个方向遍历列表，在迭代期间修改列表，并获取列表迭代器的当前位置。

ListIterator 中的常用方法的方法名及说明如下。

方法名	说明
E next()	返回列表中的下一个元素
boolean hasNext()	如果列表中具有更多元素，则返回 true
E pervious()	返回列表中的上一个元素
boolean hasPrevious()	如果此列表迭代器在相反方向遍历列表时具有更多元素，则返回 true
void add(E e)	将指定元素插入列表

1. 案例：遍历

```
package com.itlaoxie.demo01;

import java.util.ArrayList;
```

```java
import java.util.List;
import java.util.ListIterator;

public class ListIteratorDemo {
    public static void main(String[] args) {
        List<String> list = new ArrayList<>();

        list.add("AAA");
        list.add("bbb");
        list.add("CCC");

        // 创建列表迭代器对象
        ListIterator<String> lit = list.listIterator();
        // 正向遍历
        while (lit.hasNext()){
            System.out.println(lit.next());
        }

        System.out.println("========================");

        // 反向遍历
        while (lit.hasPrevious()){
            System.out.println(lit.previous());
        }
    }
}
```

2. 案例：通过列表迭代器添加元素

```java
package com.mrxie.demo01;

import java.util.ArrayList;
import java.util.List;
import java.util.ListIterator;

public class ListIteratorDemo {
    public static void main(String[] args) {
        List<String> list = new ArrayList<>();

        list.add("AAA");
        list.add("bbb");
        list.add("CCC");

        // 创建列表迭代器对象
```

```
    ListIterator<String> lit = list.listIterator();

    // *** 重点 ***
    while (lit.hasNext()){
        if (lit.next().equals("AAA")){
            lit.add("DDD");
        }
    }// 在找到的位置后面添加 DDD
    // 注意：使用"列表迭代器"遍历，同时使用"列表迭代器"添加，不会出现并发修改异常

    System.out.println(list);
    }
}
```

19.4.6 数据结构

数据结构是计算机存储、组织数据的方式，是指相互之间存在一种或多种特定关系的数据元素集合。通常情况下，通过精心设计和选择的数据结构会给程序带来更高效的运行或存储效率，本节将简单介绍一些与数据结构相关的基础知识。

1. 数据结构：栈

栈模型：先进后出、后进先出，只有一端开口。

- 栈底元素：最先进入栈模型的元素。
- 栈顶元素：最后进入栈模型的元素。
- 数据进入栈模型的过程称为压 / 进栈。
- 数据离开栈模型的过程称为弹 / 出栈。

2. 数据结构：队列

队列模型：先进先出、后进后出，两端都有开口。

- 数据从后端进入队列模型的过程称为入队列。
- 数据从前端离开队列模型的过程称为出队列。

3. 数据结构：数组

数组是一种查询 / 修改快、增加 / 删除慢的数据结构。

- 查询数据时通过索引定位，查询任意数据耗时相同，查询效率高。

- 修改数据时通过索引定位，修改任意数据耗时相同，修改效率高。
- 删除数据时需要将删除位置之后的数据依次前移，删除效率低。
- 添加数据时需要将插入位置之后的数据依次后移，添加效率低。

4. 数据结构：链表

链表是一种相对于数组而言增加 / 删除快、查询 / 修改慢的数据结构。

- 节点：一个数据单元。
- 数据域：用来存储实际数据。
- 指针域：用来存储下一个节点的地址。

这部分内容了解即可，在实际的 Java 开发过程中，几乎没有人会手动编写一个链表。以下单向链表的示例作为扩展了解内容，不要求掌握。

案例源码：com.itlaoxie.demo02.ListNode.java。

```java
package com.itlaoxie.demo02;

/**
 *@ClassName: ListNode
 *@Description: 链表节点
 */
public class ListNode {
    int val;// 节点的数据域
    ListNode next = null;// 节点的指针域

    ListNode(int val){
        this.val = val;
    }
}
```

com.itlaoxie.demo02.LNodeOperation.java

```java
package com.itlaoxie.demo02;

/**
 *@ClassName: LNodeOperation
 *@Description:
 */
public class LNodeOperation {
    /**
```

```java
 * @Name addNode
 * @Description: 将一个新节点添加到链表尾部
 * @Param listNode 链
 * @Param node 要插入的节点
 * @Return void
 */
public static void addNode(ListNode listNode, ListNode node){
    // 如果链表是一个空链表，则将此节点赋值给链表
    if (listNode == null)
        listNode = node;
    if (listNode != null){
        while (listNode.next != null){
            listNode = listNode.next;
        }
        listNode.next = node;
    }
}


/**
 * @Name addNode
 * @Description: 将 node2 节点插入 node1 后面
 * @Param listNode 链
 * @Param node1 目标位置节点
 * @Param node2 要插入的节点
 * @Return void
 */
public static void addNode(ListNode listNode, ListNode node1, ListNode
node2){
    ListNode currNode;
    while(listNode.next != null){
        currNode = listNode.next;
        if (currNode.val == node1.val){
            // 注意这里需要先将插入的节点的 next 指向链表插入位置后面
            // 再将插入位置的 next 指向插入节点
            node2.next = currNode.next;
            listNode.next.next = node2;
            break;
        }
        listNode = currNode;
    }
}


/**
 * @Name removeNode
 * @Description: 删除链表中的某个值（此链表头节点不存入值）
```

```
 * @Param listNode 链
 * @Param node 要删除的节点
 * @Return void
 */
public static void removeNode(ListNode listNode, ListNode node){
    ListNode currNode;
    while (listNode.next != null) {
        currNode = listNode.next;
        if (currNode.val == node.val){
            listNode.next = currNode.next;
        }
        listNode = currNode;
    }
}


/**
 * @Name showListNode
 * @Description: 遍历输出节点（跳过链表的头节点）
 * @Param listNode 要遍历的链
 * @Return void
 */
public static void showListNode(ListNode listNode){
    listNode = listNode.next;
    while (listNode != null){
        System.out.println(listNode.val);
        listNode = listNode.next;
    }
}


/**
 * @Name getLenOfLNode
 * @Description: 获取链表的长度
 * @Param listNode 链
 * @Return int 长度
 */
public static int getLenOfLNode(ListNode listNode){
    int len = 0;
    listNode = listNode.next;
    while (listNode != null){
        len++;
        listNode = listNode.next;
    }
    return len;
}
```

```java
    // 主方法
public static void main(String[] args) {
    // 创建一个头节点
    ListNode listHead = new ListNode(000);
    // 创建三个节点，为后面测试使用
    ListNode l1 = new ListNode(1);
    ListNode l2 = new ListNode(5);
    ListNode l3 = new ListNode(4);

    addNode(listHead, l1);
    addNode(listHead, l2);
    addNode(listHead, l3);
    showListNode(listHead);
    System.out.println("====================");
    System.out.print("链表的长度为：");
    System.out.println(getLenOfLNode(listHead));
    System.out.println("====================");
    System.out.println("删除 l2 节点：");
    removeNode(listHead, l2);
    showListNode(listHead);
    System.out.println("====================");
    System.out.println("插入 l2 节点");
    addNode(listHead, l1, l2);
    showListNode(listHead);
    }
}
```

19.4.7 List 集合子类

List 集合常用的子类有 ArrayList、LinkedList。

- ArrayList：底层数据结构是数组，修改 / 查询快，增加 / 删除慢。

- LinkedList：底层数据结构是链表，修改 / 查询慢，增加 / 删除快。

注意：可根据具体的存储需求来选择对应的 List 集合类型。

这里通过一个具体案例来对比 ArrayList 的三种常用遍历方式。

```java
package com.itlaoxie.demo01;

import java.util.ArrayList;
import java.util.Iterator;
```

```java
public class ArrayListDemo01 {
    public static void main(String[] args) {
        ArrayList<Student> stus = new ArrayList<>();
        stus.add(new Student("张三", 19));
        stus.add(new Student("李四", 16));
        stus.add(new Student("王五", 20));

        // 迭代器
        Iterator<Student> iterator = stus.iterator();
        while (iterator.hasNext()){
            Student stu = iterator.next();
            System.out.println(stu.getName() + ", " + stu.getAge());
        }
        System.out.println("=========================");

        // 普通 for 循环
        for (int i = 0; i < stus.size(); i++) {
            Student stu = stus.get(i);
            System.out.println(stu.getName() + ", " + stu.getAge());
        }
        System.out.println("=========================");

        // 增强 for 循环
        for (Student stu : stus){
            System.out.println(stu.getName() + ", " + stu.getAge());
        }
    }
}
```

19.4.8　LinkedList

LinkedList 中的常用方法的方法名及说明如下表所示。

方法名	说明
public void addFirst(E e)	在列表最前面插入一个指定的元素
public void addLast(E e)	将指定的元素追加到列表的末尾
public E getFirst()	返回列表中的第一个元素
public E getLast()	返回列表中的最后一个元素
public E removeFirst()	从列表中删除第一个元素并返回被删除的元素
public E removeLast()	从列表中删除最后一个元素并返回被删除的元素

LinkedList 的应用示例如下。

```java
package com.itlaoxie.demo01;

import java.util.LinkedList;

public class LinkedListDemo01 {
    public static void main(String[] args) {
        LinkedList<String> list = new LinkedList<>();

        list.add("AAAAA");
        list.add("BBBBB");
        list.add("CCCCC");

        System.out.println(list);

        // 在第一个节点处插入
        list.addFirst("11111");
        System.out.println(list);
        // 在最后一个节点处追加插入
        list.addLast("22222");
        System.out.println(list);

        // 获取第一个和最后一个节点
        System.out.println(list.getFirst());
        System.out.println(list.getLast());

        // 删除第一个节点并输出删除的内容
        System.out.println(" 删除的是 list 的第一个节点：" +
                list.removeFirst());
        System.out.println(" 删除后：" + list);
        // 删除最后一个节点并输出删除的内容
        System.out.println(" 删除的是 list 的最后一个节点：" +
                list.removeLast());
        System.out.println(" 删除后：" + list);
    }
}
```

19.5　Set

19.5.1　Set 集合概述

Set 是一个接口，与 List 集合类似，都需要通过实现类来对其进行操作。Set 集合的特点如下。

- 不包含重复的元素。

- 没有带索引的方法，不能使用普通 for 循环遍历。

Set 集合的简单应用示例如下。

```java
package com.itlaoxie.demo01;

import java.util.HashSet;
import java.util.Set;

/**
 * @ClassName Demo01
 * @Description: TODO Set 集合的基本应用
 */
public class Demo01 {
    public static void main(String[] args) {
        Set<String> set = new HashSet<>();

        set.add("黄固");
        set.add("欧阳锋");
        set.add("段智兴");
        set.add("洪七公");

        set.add("欧阳锋"); // 重复的元素添加不进去

        // Set 集合的读写顺序不一定一致
        System.out.println(set);
    }
}
```

19.5.2　Hash 值

Hash 值是 JDK 根据对象的地址、字符串或数值计算出来的 int 类型数值。Object 对象中就有一个方法可以获取对象的 Hash 值：`public int hashCode().`

对象的 Hash 值特点如下。

- 同一个对象多次调用 hashCode() 方法，得到的返回值是相同的。

- 默认情况下，不同对象的 Hash 值是不同的，但是可以通过重写 `hashCode()` 方法实现不同对象的 Hash 值相同。

1. 案例：通过 hashCode 方法查看 Hash 值

```java
package com.itlaoxie.demo01;

/**
 * @ClassName Demo02
 * @Description: TODO Hash 值
 */
public class Demo02 {
    public static void main(String[] args) {
        String str = new String(" 我是一个字符串 ");
        System.out.println(str.hashCode());
        System.out.println(" 我是一个字符串 ".hashCode());
        System.out.println(" 我是一个字符串 ".hashCode());

        System.out.println("============================");

        System.out.println(" 我也是一个字符串 ".hashCode());

        System.out.println("============================");

        System.out.println(new Object().hashCode());
        System.out.println(new Object().hashCode());
        System.out.println(new Object().hashCode());
    }
        // 通过程序的输出结果来分析 Hash 值的规律
}
```

2. 案例：不同对象也可能具有相同的 Hash 值

```java
package com.itlaoxie.demo01;

/**
 * @ClassName Demo03
 * @Description: TODO Hash 值
 */
public class Demo03 {
    public static void main(String[] args) {
        System.out.println(" 轺軌 ".hashCode());
        System.out.println(" 輂鹛 ".hashCode());
        System.out.println(" 辏鲲 ".hashCode());
        System.out.println(" 辐鲓 ".hashCode());
        System.out.println(" 辛鼗 ".hashCode());
        System.out.println(" 羏骄 ".hashCode());
```

```
        System.out.println(" 辦駿 ".hashCode());

        // Hash 值不同的两个对象肯定不是同一个对象
        // 但是即使 Hash 值相同，也不能确定一定是同一个对象
        // 不同的对象也可能具有相同的 Hash 值
    }
}
```

19.5.3　Hash 表

Hash 表的底层是通过数组＋链表的方式实现的，对于现阶段的我们，只需要知道
HashSet 的底层用到了 Hash 表即可，本节不对 Hash 表的具体实现原理做过多讲解。

19.5.4　HashSet

HashSet 集合是 Set 接口的实现类，其特点如下。

- 底层数据结构是 Hash 表。

- 对集合的迭代顺序不做任何保证，也就是说，不能保证存储和读取的顺序一致。

- 没有带索引的方法，也就是说，不能使用普通 for 循环对其进行遍历。

- 由于是 Set 集合，所以不存在重复的元素。

HashSet 的去重原理是，先对比 hashCode，如果相同，则再对比 equals 内容，这两
个方法经常需要在子类中进行重写。

HashSet 的应用示例如下。

```java
package com.itlaoxie.demo01;

import java.util.HashSet;

public class HashSetDemo01 {
    public static void main(String[] args) {
        HashSet<Student> stus = new HashSet<>();

        stus.add(new Student(" 黄固 ", 17));
        stus.add(new Student(" 欧阳锋 ", 16));
        stus.add(new Student(" 段智兴 ", 15));
        stus.add(new Student(" 洪七公 ", 14));

        // 添加重复元素，需在实体类中重写 equals 与 hashCode 方法之后才能去除重复元素
```

```
    // 通过 IDEA 可以自动生成这两个需要重写的方法，一般情况下不需要手动调整方法体内容
    // 在重写 equals 与 hashCode 方法的时候，系统会认为这是一个新的对象，
    // 并不会判断对象中成员的值是否相同，所以这个新的对象是可以被存储到集合中的
    // 如果需要判断对象中成员的值，那么必须通过重写 equals 与 hashCode 方法来实现
    stus.add(new Student("段智兴", 15));

    for (Student stu : stus){
        System.out.println(stu.getName() + ", " + stu.getAge());
    }
  }
}
```

19.5.5 LinkedHashSet

LinkedHashSet 集合是 Hash 表和链表实现的 Set 接口，其特点如下。

- 具有可预测的迭代顺序。
- 通过链表保证元素有序，也就是说，元素的存储和读取顺序是一致的。
- 通过 Hash 表保证元素的唯一性，也就是说，没有重复的元素。

LinkedHashSet 的简单应用示例如下。

```java
package com.itlaoxie.demo01;

import java.util.LinkedHashSet;

public class LinkedHashSetDemo {
    public static void main(String[] args) {
        // 创建集合对象
        LinkedHashSet<String> lhs = new LinkedHashSet<>();

        // 添加元素
        lhs.add("Hello");
        lhs.add("world");
        lhs.add("JavaSE");
        lhs.add("world");

        // 遍历集合
        for (String str : lhs) {
            System.out.println(str);
        }
    }
}
```

19.5.6 TreeSet

TreeSet 集合是 Set 接口中的一个实现类，其特点如下。

- 元素有序，这里的"序"不是指存储和读取的顺序，而是指按照一定的规则进行排序，具体排序方式取决于实例化对象时的构造方法。
  - TreeSet()：根据元素的自然顺序进行排序。
  - TreeSet(Comparator comparator)：根据指定的比较器进行排序。
- 没有带索引的方法，不能使用普通 for 循环进行遍历。
- 由于是 Set 集合，所以不存在重复的元素。

TreeSet 的简单应用示例如下。

```java
package com.mrxie.demo01;

import java.util.TreeSet;

public class TreeSetDemo {
    public static void main(String[] args) {
        // 使用基本数据类型时，需要使用包装类来诠释泛型
        TreeSet<Integer> ts = new TreeSet<>();

        // 添加元素
        ts.add(10);
        ts.add(3);
        ts.add(6);
        ts.add(11);
        ts.add(8);

        // 遍历
        for (Integer i : ts){
            System.out.println(i);
        }
    }
}
```

1. 案例：使用自定义排序规则（接口实现）

案例源码：com.itlaoxie.demo01.Student.java。

```java
package com.itlaoxie.demo01;

public class Student implements Comparable<Student> {
    private String name;
    private int age;
    public Student(){}

    public Student(String name, int age) {
        this.name = name;
        this.age = age;
    }

    public String getName() {
        return name;
    }

    public void setName(String name) {
        this.name = name;
    }

    public int getAge() {
        return age;
    }

    public void setAge(int age) {
        this.age = age;
    }

    @Override
    public boolean equals(Object o) {
        if (this == o) return true;
        if (o == null || getClass() != o.getClass()) return false;

        Student student = (Student) o;

        if (age != student.age) return false;
        return name != null ? name.equals(student.name) : student.name == null;
    }

    @Override
    public int hashCode() {
        int result = name != null ? name.hashCode() : 0;
        result = 31 * result + age;
        return result;
    }
```

```
    @Override
    public int compareTo(Student student) {
        // return 0; // 表示相等
        // return 1; // 升序
        // return -1; // 降序
        // 先根据年龄进行排序，如果年龄相同则根据姓名进行排序
        int res = this.getAge() - student.getAge();
        if (0 == res){
            return this.getName().compareTo(student.getName());
        }
        return res;
    }
}
```

案例源码：com.itlaoxie.demo01.TreeSetDemo02.java。

```
package com.itlaoxie.demo01;

import java.util.TreeSet;

public class TreeSetDemo02 {
    public static void main(String[] args) {
        // 实例化对象
        TreeSet<Student> stus = new TreeSet<>();

        // 添加元素
        stus.add(new Student("LiLy", 19));
        stus.add(new Student("Andy", 18));
        stus.add(new Student("Jack", 29));
        stus.add(new Student("Tom", 33));

        stus.add(new Student("LiLei", 33));

        // 遍历
        for (Student stu : stus){
            System.out.println(stu.getName() + ", " + stu.getAge());
        }
    }
}
```

2. 案例：通过参数内部类实现排序

案例源码：com.itlaoxie.demo01.Student.java。

```java
package com.itlaoxie.demo01;

public class Student {
    private String name;
    private int age;
    public Student(){}

    public Student(String name, int age) {
        this.name = name;
        this.age = age;
    }

    public String getName() {
        return name;
    }

    public void setName(String name) {
        this.name = name;
    }

    public int getAge() {
        return age;
    }

    public void setAge(int age) {
        this.age = age;
    }

    @Override
    public boolean equals(Object o) {
        if (this == o) return true;
        if (o == null || getClass() != o.getClass()) return false;

        Student student = (Student) o;

        if (age != student.age) return false;
        return name != null ? name.equals(student.name) : student.name == null;
    }

    @Override
    public int hashCode() {
        int result = name != null ? name.hashCode() : 0;
        result = 31 * result + age;
        return result;
    }
}
```

案例源码：com.itlaoxie.demo01.TreeSetDemo.java。

```java
package com.itlaoxie.demo01;

import java.util.Comparator;
import java.util.TreeSet;

public class ThreeSetDemo {
    public static void main(String[] args) {
        // 在实例化集合对象的时候直接在构造方法中使用匿名内部类来指定排序规则
        TreeSet<Student> ts = new TreeSet<>(new Comparator<Student>() {
            @Override
            public int compare(Student o1, Student o2) {
                int res = o1.getAge() - o2.getAge();
                // 先根据年龄进行排序，如果年龄相同则根据姓名进行排序
                return (0 == res ? o1.getName().compareTo(o2.getName()) : res);
            }
        });

        ts.add(new Student("zhangsan", 25));
        ts.add(new Student("lisi", 23));
        ts.add(new Student("wangwu", 23));
        ts.add(new Student("zhaoliu", 29));
        ts.add(new Student("tianqi", 21));
        ts.add(new Student("maba", 33));

        ts.add(new Student("tianqi", 21));

        for (Student stu : ts){
            System.out.printf("%10s \t %d \n", stu.getName(),stu.getAge());
        }
    }
}
```

3. 案例：35 选 7

```java
package com.itlaoxie.demo01;

import java.util.HashSet;
import java.util.Random;
import java.util.TreeSet;

public class Set35Sel7 {
    public static void main(String[] args) {
        // HashSet<Integer> set = new HashSet<>(); // 无序集合
```

```
    TreeSet<Integer> set = new TreeSet<>(); // 有序集合

    Random ran = new Random();

    while (set.size() <= 7){
        set.add(ran.nextInt(35) + 1);
    }

    for (Integer num : set){
        System.out.print(num + ", ");
    }
  }
}
```

19.6　泛型

泛型是 JDK 5 中引入的特性，它是保证编译时数据类型安全的检测机制，该机制允许在编译时检测非法类型，其本质是**参数化类型**，也就是说，所操作的数据类型被指定为一个参数。

一提到参数，最熟悉的就是定义方法时设置的形参，在调用方法时就需要传递实参。那么怎么理解参数化类型呢？顾名思义，就是将数据类型参数化，由原来的具体类型变成参数类型，然后在使用（调用）时传入参数类型。这种参数类型在类、方法和接口中，分别被称为泛型类、泛型方法、泛型接口。

19.6.1　泛型定义格式

泛型的定义格式如下。

- `<类型>`：指定一种类型的格式，这里的类型可以看作形参。
- `<类型1，类型2……>`：指定多种类型的格式，多种类型之间用逗号隔开，这里的类型可以看作形参。

具体调用时，给定的类型可以看作实参，且实参的类型只能是引用数据类型。

19.6.2　泛型的优点

使用泛型的优点如下。

- 把运行时的问题提到了编译期间解决。

- 避免了强制数据类型转换的问题。

19.6.3　泛型类

泛型类的定义格式及范例如下。

- 定义格式：修饰符 class 类名 < 类型 >{}。

- 范例：public class Generic<T>{}，此处的 T 可以是任意标识符，常用的有 T、
  E、K、V 等，用于表示泛型。

案例源码：com.itlaoxie.demo03.Generic.java。

```java
package com.itlaoxie.demo03;

/**
 * @ClassName Generic
 * @Description: TODO 泛型类
 * 常用的泛型标识符
 * E : Element 节点、元素
 * K : Key 键，唯一标识
 * T : Type 属性、类型
 * V : Value 值，具体的值
 */
public class Generic<T> {
    private T t;

    public T getT() {
        return t;
    }

    public void setT(T t) {
        this.t = t;
    }
}
```

案例源码：com.itlaoxie.demo03.Student.java。

```java
package com.itlaoxie.demo03;

public class Student {
```

```java
    private String name;
    private int age;

    public Student(String name, int age) {
        this.name = name;
        this.age = age;
    }

    public String getName() {
        return name;
    }

    public void setName(String name) {
        this.name = name;
    }

    public int getAge() {
        return age;
    }

    public void setAge(int age) {
        this.age = age;
    }

    @Override
    public String toString() {
        return "Student{" +
                "name='" + name + '\'' +
                ", age=" + age +
                '}';
    }
}
```

案例源码：com.itlaoxie.demo03.GeericDemo.java。

```java
package com.itlaoxie.demo03;

public class GenericDemo {
    public static void main(String[] args) {
        Generic<String> strG = new Generic<>();
        strG.setT("Hello");
        System.out.println(strG.getT());

        Generic<Integer> intG = new Generic<>();
        intG.setT(1314);
```

```
        System.out.println(intG.getT());

        Generic<Student> stuG = new Generic<>();
        stuG.setT(new Student("张三", 19));
        System.out.println(stuG.getT());
    }
}
```

19.6.4 泛型方法

泛型方法的定义格式及范例如下。

- 定义格式：修饰符 <类型> 返回值类型 方法名 (类型名 变量名){}。

- 范例：`public <T> void show(T t){}`。

案例源码：com.itlaoxie.demo04.Generic.java。

```
package com.itlaoxie.demo04;

/*
// 在不使用泛型的情况下，如果名字相同的方法想传递不同类型的参数，则使用方法重载的方式来实现
public class Generic {
    public void show(String s){
        System.out.println(s);
    }

    public void show(Integer i){
        System.out.println(i);
    }

    public void show(Boolean b){
        System.out.println(b);
    }
}
*/

// 也可以使用泛型类来实现类似的功能，在上一个案例中也有所体现，只不过在实例化对象的时候要实
// 例化多个对象，使用多个不同的泛型来调用构造方法
// public class Generic<T>{
//     public void show(T t){
//         System.out.println(t);
//     }
// }
```

```
// 泛型方法。使用泛型方法时，可以省略多个方法的重载，而且在实例化对象的时候也不需要实例化多
// 个对象
public class Generic{
    public <T> void show(T t){
        System.out.println(t);
    }
}
```

案例源码：com.itlaoxie.demo04.GenericDemo.java。

```
//====================================================
package com.itlaoxie.demo04;

public class GenericDemo {
    public static void main(String[] args) {
        // 在实体类中使用方法重载的时候只需要实例化一个对象，但是需要重载多个成员方法
        // Generic g = new Generic();
        // g.show("string");
        // g.show(1314);
        // g.show(true);
        // g.show(3.14);

        //========================================

        // 使用泛型类时，实体类中需要一个方法，但在调用的时候需使用不同的泛型实例化多个对象
        // Generic<String> strG = new Generic<>();
        // strG.show("Hello");
        //
        // Generic<Integer> intG = new Generic<>();
        // intG.show(1314);
        //
        // Generic<Boolean> bolG = new Generic<>();
        // bolG.show(true);

        //========================================

        // 使用泛型方法时，只需要实例化一个对象就可以传递不同的参数，实现类似重载成员方法的
        // 效果
        Generic g = new Generic();
        g.show("Java");
        g.show(1314);
        g.show(true);
    }
}
```

19.6.5 泛型接口

泛型接口的定义格式及范例如下。

- 定义格式：修饰符 interface 接口名 < 类型 >{}。

- 范例：public interface Generic<T>{}。

案例源码：com.itlaoxie.demo04.Generic.java。

```java
package com.itlaoxie.demo04;

public interface Generic<T> {
    void show(T t);
}
com.itlaoxie.GenericImpl.java
// 泛型接口的实现类
package com.itlaoxie.demo04;

public class GenericImpl<T> implements Generic<T>{
    @Override
    public void show(T t){
        System.out.println(t);
    }
}
com.itlaoxie.demo04.GenericDemo.java
// 测试类
package com.itlaoxie.demo04;

public class GenericDemo {
    public static void main(String[] args) {
        // 用多态方式直接实例化泛型接口的实现类
        Generic<String> g1 = new GenericImpl<>();
        g1.show(" 小肆 ");

        // 通过匿名内部类来实例化泛型接口对象，在内部类中实现接口中的抽象方法
        Generic<Float> g2 = new Generic<Float>() {
            @Override
            public void show(Float aFloat) {
                System.out.println(" 浮点数 " + aFloat);
            }
        };
        g2.show(3.14f);

        // 直接使用泛型接口的实现类来实例化对象并调用成员方法
```

```
        GenericImpl<Integer> intG = new GenericImpl<>();
        intG.show(1314);
    }
}
```

19.6.6　泛型通配符

- 为了表示各种泛型 List 的父类，可以使用类型通配符 `<?>`。`List<?>` 表示类型未知的 List，其中的元素可以匹配任意类型。这种带通配符的 List 仅表示它是各种泛型 List 的父类，并不能把元素添加到其中。

- 如果说我们不希望 `List<?>` 是任何泛型 List 的父类，只希望它代表某一泛型 List 的父类，则可以使用类型通配符的上限 `<? extends 类型 >`，例如 `List<? extends Number>` 表示的类型是 Number 或其子类型。

除了可以指定类型通配符的上限，我们还可以指定类型通配符的下限 `<? super 类型 >`，例如 `List<? super Number>` 表示的类型是 Number 或其父类型。

泛型通配符应用示例代码如下。

```
package com.itlaoxie.demo04;

import java.util.ArrayList;
import java.util.List;

public class GenericDemo {
    public static void main(String[] args) {
        // 类型通配符: <?>
        List<?> list1 = new ArrayList<Object>();
        List<?> list2 = new ArrayList<String>();
        List<?> list3 = new ArrayList<Integer>();
        List<?> list4 = new ArrayList<Boolean>();
        //===================================

        // 类型通配符的上限: <? extends 类型 >
        // List<? extends Number> list5 = new ArrayList<Object>();
        // 超过了上限
        List<? extends Number> list5 = new ArrayList<Number>();
        List<? extends Number> list6 = new ArrayList<Integer>();

        //===================================
```

```
        // 类型通配符的下限: <? super 类型 >
        List<? super Number> list7 = new ArrayList<Object>();
        List<? super Number> list8 = new ArrayList<Number>();
        // List<? super Number> list9 = new ArrayList<Integer>();
        // 超过了下限
    }
}
```

这个知识点与其说是泛型通配符，不如说是泛型约束符，因为通常我们在使用它的时候都是用来限制泛型范围的。

19.6.7 可变参数

可变参数又称为参数个数可变，当将其用作方法的参数时，方法参数的个数就是可变的。可变参数的定义格式及范例如下。

- 定义格式：修饰符 返回值类型 方法名 (数据类型 ... 变量名)。

- 范例：public static int sum(int...a)。

可变参数的简单应用示例如下。

```
package com.itlaoxie.demo05;

public class ArgsDemo01 {
    public static void main(String[] args) {
        System.out.println(sum(1,2));
        System.out.println(sum(1,2,3));
        System.out.println(sum(1,2,3,4));
        System.out.println(sum(1,2,3,4,5));
    }
    public static int sum(int...a){
        int sum = 0;
        for (int i : a){
            sum += i;
        }
        return sum;
    }
    // 在不使用可变参数的情况下，我们需要编写若干这样的方法，通过重载来实现相应的效果
}
```

> **注意**：可变参数实际上是一个数组，如果普通参数和可变参数结合使用，可变参数需要被放到形参列表的最后。

19.6.8 可变参数的使用

常用的可变参数的方法名及其所属类和说明如下表所示。

所属类	方法名	说明
Arrays	`public static <T> List <T> asList(T...a)`	返回由可变参数组成的固定长度的列表
List	`public static <E> List <E> of(E...e)`	返回包含任意数量元素的不可变列表
Set	`public static <E> Set <E> of(E...e)`	返回一个包含任意数量元素的不可变集合

上表中三个方法的简单使用示例如下。

```java
package com.itlaoxie.demo05;

import java.util.Arrays;
import java.util.List;
import java.util.Set;

public class ArgsDemo02 {
    public static void main(String[] args) {
        // public static <T> List <T> asList(T...a)
        // List<String> list = Arrays.asList("Hello", "world", "Java",
        // "MySQL");
        //
        // list.add("JavaScript");//UnsupportedOperationException
        // list.remove(1);//UnsupportedOperationException
        // list.set(1, "Python");
        //
        // System.out.println(list);
        // 不允许添加和删除，可以修改，因为添加和删除会修改列表的长度
        //=====================================================

        // 以下内容在 JDK 9 中新增 ================================

        // List`public static <E> List <E> of(E...e)
        // List<String> list = List.of("111","222","333");
```

```
        //
        // list.add("JavaScript");//UnsupportedOperationException
        // list.remove(1);//UnsupportedOperationException
        // list.set(1, "Python");//UnsupportedOperationException
        // 增删改都不允许
        //=================================================

        // Set`public static <E> Set <E> of(E...e)

        Set<String> set = Set.of("111", "222", "333");
        // Set<String> set = Set.of("111", "222", "111");
        // //IllegalArgumentException

        // set.add("444");//UnsupportedOperationException
        // set.remove("222");//UnsupportedOperationException
        // 不支持增删，没有索引所以不能修改

        System.out.println(set);
    }
}
```

19.7　Map

19.7.1　Map 集合概述和使用

Map 集合是双列集合，也就是我们常说的键值对集合，在存储的时候都是一个键对应一个值，键是不可以重复的，值是可以重复的。所以在 Map 集合中，键是具备唯一性的，我们将它作为唯一标识。

Map 集合的定义格式是 `interface Map<K,V>`，其中 K 表示键的类型，V 表示值的类型。

将键映射到值的对象时不能包含重复的键，每个键最多可以映射到一个值。例如，学生的学号和姓名可组成 Map 集合，如下表所示。

学号	姓名
STUID0001	刘德华
STUID0002	张学友
STUID0003	郭富城
STUID0004	黎明

创建 Map 对象时使用的是多态方式，具体的实现类是 HashMap。

Map 集合的简单应用示例如下。

```java
package com.itlaoxie;

import java.util.HashMap;
import java.util.Map;

public class demo06 {
    public static void main(String[] args) {
        // 创建集合对象
        Map<String, String> map = new HashMap<String, String>();

        // 添加元素
        map.put("STUID0001", " 黄固 ");
        map.put("STUID0002", " 欧阳锋 ");
        map.put("STUID0003", " 段智兴 ");
        map.put("STUID0004", " 洪七公 ");
        map.put("STUID0004", " 郭靖 ");      // 覆盖了洪七公
        // put 的作用可以添加也可以修改，键不存在时表示添加，键存在时则表示修改

        // 输出
        System.out.println(map);
    }
}
```

19.7.2　Map 集合的常用方法

Map 集合的常用方法的方法名及说明如下表所示。

方法名	说明
V put(K key, V value)	添加或修改元素
V remove(Object Key)	删除键对应的元素
void clear()	删除所有的键值对元素
boolean containsKey(Object Key)	判断集合中是否包含指定的键
boolean containsValue(Object Value)	判断集合中是否包含指定的值
boolean isEmpty()	判断集合是否为空
int size()	返回集合的长度

使用 Map 集合常用方法的示例如下。

```java
package com.itlaoxie;

import java.util.HashMap;
import java.util.Map;

public class demo06 {
    public static void main(String[] args) {
        // 创建集合对象
        Map<String, String> map = new HashMap<String, String>();

        // 添加元素
        map.put("STUID0001", "黄固");
        map.put("STUID0002", "欧阳锋");
        map.put("STUID0003", "段智兴");
        map.put("STUID0004", "洪七公");
        map.put("STUID0004", "郭靖");          // 覆盖了洪七公

        // 删除集合中的元素
        System.out.println(map.remove("STUID0003"));
                                       // 删除成功，返回删除的值
        System.out.println(map.remove("STUID0013"));
                                       // 如果键不存在则删除失败，返回 null

        // map.clear();// 清空

        // 判断键在 Map 集合中是否存在
        System.out.println(map.containsKey("STUID0001")); // 若存在则返回 true
        System.out.println(map.containsKey("STU")); // 若不存在则返回 false

        // 判断值在 Map 集合中是否存在
        System.out.println(map.containsValue("黄固"));// 若存在则返回 true
        System.out.println(map.containsValue("洪七公"));// 若不存在则返回 false

        System.out.println(map.size());         // 返回集合中键值对的个数，3
        System.out.println(map.isEmpty());      // 集合为空，返回 true，否则返回 false

        // 输出
        System.out.println(map);
    }
}
```

19.7.3　Map 集合的获取功能

Map 集合中实现获取功能的常用方法的方法名及说明如下表所示。

方法名	说明
V get(Object Key)	根据键获取值
Set<K> keySet()	获取所有键的集合
Collection<V> values()	获取所有值的集合
Set<Map.Entry<K,V>> entrySet()	获取所有键值对对象的集合

获取功能示例如下。

```java
package com.itlaoxie;

import java.util.Collection;
import java.util.HashMap;
import java.util.Map;
import java.util.Set;

public class demo06 {
    public static void main(String[] args) {
        // 创建集合对象
        Map<String, String> map = new HashMap<String, String>();

        // 添加元素
        map.put("STUID0001", " 黄固 ");
        map.put("STUID0002", " 欧阳锋 ");
        map.put("STUID0003", " 段智兴 ");
        map.put("STUID0004", " 洪七公 ");

        // 通过 get 方法获取指定键对应的值
        System.out.println(map.get("STUID0004")); // 如果键存在则返回对应的值，郭靖
        System.out.println(map.get("STUID0014")); // 如果键不存在则返回 null

        // 通过 keySet 方法获取键的集合
        Set<String> set = map.keySet();
        // 遍历键的集合
        for (String str : set){
            System.out.println(str);
        }

        // 通过 values 方法获取值的集合
```

```
        Collection<String> values = map.values();
        // 遍历值的集合
        for (String val : values){
            System.out.println(val);
        }
    }
}
```

19.7.4　Map 集合的遍历

Map 集合遍历示例如下。

```
package com.itlaoxie;

import java.util.Collection;
import java.util.HashMap;
import java.util.Map;
import java.util.Set;

public class demo06 {
    public static void main(String[] args) {
        // 创建集合对象
        Map<String, String> map = new HashMap<String, String>();

        // 添加元素
        map.put("STUID0001", "黄固");
        map.put("STUID0002", "欧阳锋");
        map.put("STUID0003", "段智兴");
        map.put("STUID0004", "洪七公");

        // 方法 1：通过 keySet 方法获取所有键的集合
        Set<String> keySet = map.keySet();
        // 通过遍历键的集合依次获取键所对应的值
        for (String key : keySet){
            System.out.println(key + ", " + map.get(key));
        }

        //=================================================

        // 方法 2：通过 entrySet 方法获取键值对的集合
        Set<Map.Entry<String, String>> entrySet = map.entrySet();
        // 直接遍历键值对集合
        for (Map.Entry<String, String> o : entrySet){
```

```
        // 通过键值对对象中的 getKey 方法获取键，通过 getValue 方法获取值
        System.out.println(o.getKey() + " <==> " + o.getValue());
      }
    }
}
```

下面我们通过一个在 HashMap 集合中存储并遍历学生对象的案例来深入学习 Map 集合的使用。

```java
package com.itlaoxie.demo06;

import com.itlaoxie.demo01.Student;

import java.util.HashMap;
import java.util.Map;
import java.util.Set;

public class HashMapDemo {
    public static void main(String[] args) {
        // 创建对象
        HashMap<String, Student> hm = new HashMap<>();
        // 添加成员
        hm.put("STUID0001", new Student("张三", 19));
        hm.put("STUID0002", new Student("李四", 15));
        hm.put("STUID0003", new Student("王五", 14));
        hm.put("STUID0004", new Student("赵六", 18));

        // 遍历集合
        // 方法1
        Set<String> keySet = hm.keySet();
        for (String key : keySet){
            Student stu = hm.get(key);
            System.out.println(key + ", " + stu.getName() + ", " + stu.getAge());
        }
        System.out.println("===============================");

        // 方法2
        Set<Map.Entry<String, Student>> entrySet = hm.entrySet();
        for (Map.Entry<String, Student> o : entrySet){
            String key = o.getKey();
            Student stu = o.getValue();
            System.out.println(key + ", " + stu.getName() + ", " + stu.getAge());
        }
    }
}
```

19.7.5　集合嵌套

本节将介绍集合嵌套的实现。

1. ArrayList 集合中存储 HashMap 集合元素

```java
package com.itlaoxie.demo06;

import java.util.ArrayList;
import java.util.HashMap;
import java.util.Set;

public class AInHDemo {
    public static void main(String[] args) {
        ArrayList<HashMap<String, String>> arrayList = new ArrayList<>();

        HashMap<String, String> hm1 = new HashMap<>();
        hm1.put(" 雷公 "," 电母 ");
        hm1.put(" 玉帝 "," 王母 ");
        arrayList.add(hm1);

        HashMap<String, String> hm2 = new HashMap<>();
        hm1.put(" 李叔 "," 李婶 ");
        hm1.put(" 老赵 "," 赵嫂 ");
        arrayList.add(hm2);

        HashMap<String, String> hm3 = new HashMap<>();
        hm1.put(" 土地公 "," 土地婆 ");
        hm1.put(" 老邪 "," 邪嫂 ");
        arrayList.add(hm3);

        // 遍历
        for (HashMap<String, String> hm : arrayList){
            Set<String> keySet = hm.keySet();
            for (String key : keySet){
                String value = hm.get(key);
                System.out.printf("%s \t %s\n", key, value);
            }
        }
    }
}
```

2. HashMap 集合中存储 ArrayList 集合元素

```java
package com.itlaoxie.demo06;

import java.util.ArrayList;
import java.util.HashMap;
import java.util.Set;

public class HInADemo {
    public static void main(String[] args) {
        // 创建对象
        HashMap<String, ArrayList<String>> hm = new HashMap<>();

        // 添加成员
        ArrayList<String> list01 = new ArrayList<>();
        list01.add(" 汽车 ");
        list01.add(" 飞机 ");
        hm.put(" 交通工具 ", list01);

        ArrayList<String> list02 = new ArrayList<>();
        list02.add(" 手机 ");
        list02.add(" 电脑 ");
        hm.put(" 数码产品 ", list02);

        ArrayList<String> list03 = new ArrayList<>();
        list03.add(" 菜刀 ");
        list03.add(" 饭锅 ");
        hm.put(" 厨房用品 ", list03);

        // 遍历
        Set<String> keySet = hm.keySet();
        for (String key : keySet){
            System.out.println(key + "========");
            ArrayList<String> value = hm.get(key);
            for (String str : value){
                System.out.println("\t" + str);
            }
        }
    }
}
```

19.7.6　Map 集合案例

本节我们来看一个 Map 集合的具体案例，功能是统计字符串中字符出现的次数。

```java
package com.itlaoxie.demo07;

import java.util.HashMap;
import java.util.HashSet;
import java.util.Scanner;
import java.util.TreeMap;

public class Demo01 {
    public static void main(String[] args) {
        Scanner sc = new Scanner(System.in);
        System.out.println("Please input a String: ");
        String line = sc.nextLine();

        // 创建Map集合对象
        // HashMap<Character, Integer> hm = new HashMap<>();// 无序
        TreeMap<Character, Integer> hm = new TreeMap<>();// 有序

        for (int i = 0; i < line.length(); i++) {
            char key = line.charAt(i);
            // 计数变量赋值
            Integer count = hm.get(key);
            if (null == count){ // 如果没有值，则说明之前没有统计过
                hm.put(key, 1);// 将值设置为1
            }else {// 如果有值，则直接对count值执行++操作
                count++;
                hm.put(key, count);// 更新集合元素
            }
        }

        // 输出结果
        // 通过keySet()获取集合的索引，返回值为Character，自动拆箱成char
        for (char key : hm.keySet()){
            // 组织并输出结果
            System.out.println(key + " : " + hm.get(key) + "个");
        }
    }
}
```

19.8 Collections

Collections 的常用方法的方法名及说明如下表所示。

方法名	说明
public static <T extends Comparable<? super T>> void sort (List<T> list)	按排序规则排序，默认为升序
public static void reverse(List<?> list)	按照原有的顺序逆序排序
public static void shuffle(List<?> list)	无序的随机排列

Collections 的简单应用示例如下。

```java
package com.itlaoxie.demo07;

import java.util.*;

public class Demo02 {
    public static void main(String[] args) {
        ArrayList<Integer> list = new ArrayList<>();

        list.add(33);
        list.add(22);
        list.add(44);
        list.add(55);
        list.add(11);

        // Collections.sort(list);// 自然规则升序排序
        // Collections.sort(list, new Comparator<Integer>() {
        //     @Override
        //     public int compare(Integer o1, Integer o2) {
        //         // return 1;
        //         return o2 - o1;
        //     }
        // });// 降序排序

        // Collections.reverse(list);// 逆序排列

        Collections.shuffle(list);// 打乱顺序后随机排列

        System.out.println(list);
    }
}
```

这里基于 Collections 实现一个模拟斗地主游戏发牌的案例。

```java
package com.itlaoxie.demo07;
```

```java
import java.util.ArrayList;
import java.util.Collections;
import java.util.HashMap;
import java.util.TreeSet;

public class Demo03 {
    public static void main(String[] args) {
        // 定义 HashMap 集合对象, 用于存储扑克牌
        HashMap<Integer, String> hm = new HashMap<>();
        // 定义 ArrayList 集合对象, 用于存储扑克牌索引
        ArrayList<Integer> arrList = new ArrayList<>();

        // 定义花色
        String[] colors = {"♥","♠","♦","♣"};
        // 定义点数
        String[] nums = {"3","4","5","6","7","8","9","10","J","Q","K","A","2"};

        // 将扑克牌存放到 HashMap 集合中
        int index = 0;
        for (String num : nums){
            for (String color : colors){
                hm.put(index, color+num);
                arrList.add(index++);
            }
        }
        hm.put(index++," 大鬼 ");
        hm.put(index," 小鬼 ");

        // 洗牌
        Collections.shuffle(arrList);

        // 定义选手
        TreeSet<Integer> player01 = new TreeSet<>();
        TreeSet<Integer> player02 = new TreeSet<>();
        TreeSet<Integer> player03 = new TreeSet<>();
        TreeSet<Integer> lastThreeCard = new TreeSet<>();

        // 发牌
        for (int i = 0; i < arrList.size(); i++) {
            if (i >= arrList.size() - 3){
                lastThreeCard.add(arrList.get(i));
            }else {
                switch (i % 3){
```

```
                        case 0:player01.add(arrList.get(i));break;
                        case 1:player02.add(arrList.get(i));break;
                        case 2:player03.add(arrList.get(i));break;
                }
            }
        }

        // 看牌
        showCard("IT 老邪 ", player01, hm);
        showCard("IT 小邪 ", player02, hm);
        showCard("IT 小肆 ", player03, hm);
        showCard(" 三张底牌 ", lastThreeCard, hm);
    }

    // 看牌方法，遍历输出每个玩家分到的牌
    public static void showCard(String name, TreeSet<Integer> ts, HashMap
<Integer, String> hm){
        System.out.println(name + " :  ");
        for (Integer key : ts){
            System.out.print(hm.get(key) + " ");
        }
        System.out.println("\n========================");
    }
}
```

19.9 Properties

Properties 用于存储数据，几乎可以把它当作 Map 集合来使用，其简单应用示例如下。

```
package com.itlaoxie.demo07;

import java.util.Properties;
import java.util.Set;

public class Demo05 {
    public static void main(String[] args) {
        // 创建对象时构造方法不需要泛型
        Properties prop = new Properties();

        // 存储元素
        prop.put("STUID01", " 刘德华 ");
        prop.put("STUID02", " 张学友 ");
```

```
        prop.put("STUID03", " 郭富城 ");
        prop.put("STUID04", " 刘德华 ");

        // 遍历集合
        Set<Object> keySet = prop.keySet();
        for (Object key : keySet){
            System.out.println(key + " : " + prop.get(key));
        }
    }
}
```

这里使用 Properties 的特有方法来实现存取功能。

```
package com.itlaoxie.demo07;

import java.util.Properties;
import java.util.Set;

public class Demo04 {
    public static void main(String[] args) {
        // 创建集合对象
        Properties prop = new Properties();

        // 向集合中添加元素, 也可以使用 Map 集合中的 put 方法
        prop.setProperty("STUID01", " 刘德华 ");
        prop.setProperty("STUID02", " 张学友 ");
        prop.setProperty("STUID03", " 郭富城 ");
        prop.setProperty("STUID04", " 黎明 ");

        // 遍历集合
        // 通过 stringPropertyNames() 获取键
        // 通过 getProperty 获取值
        Set<String> names = prop.stringPropertyNames();
        for (String key : names){
            System.out.println(key + " : " + prop.getProperty(key));
        }
    }
}
```

如果 Properties 的所有功能都和 Map 相同，那么它就没有存在的意义了。所以，Properties 在使用上到底和 Map 有哪些不同呢？我们来看下面这个案例，利用 Properties 结合 I/O 流实现存取操作，非常方便。

```
package com.itlaoxie.demo07;
```

```java
import java.io.FileReader;
import java.io.FileWriter;
import java.io.IOException;
import java.util.Properties;
import java.util.Set;

/**
 * @ClassName Demo03
 * @Description: TODO Properties 读写配置文件中的键值对
 */
public class Demo03 {
    public static void main(String[] args) throws IOException {
        // myStore(); // 将键值对写入文件
        myLoad();
    }


        // 读取配置文件中的内容
    private static void myLoad() throws IOException {
        Properties prop = new Properties();
        FileReader fr = new FileReader("./myConf.ini");
        prop.load(fr);
        fr.close();

        // System.out.println(prop);
        Set<String> keySet = prop.stringPropertyNames();
        for (String key : keySet) {
            System.out.println(key + " = " + prop.getProperty(key));
        }
    }


        // 向配置文件中写入内容
    private static void myStore() throws IOException {
        Properties prop = new Properties();
        FileWriter fw = new FileWriter("./myConf.ini");

        prop.setProperty("LOCALHOST", "127.0.0.1");
        prop.setProperty("USERNAME", "root");
        prop.setProperty("PASSWORD", "toor");
        prop.setProperty("PORT", "3306");

        // prop.store(fw, "MySQL configure!~");
        prop.store(fw, null);

        fw.close();
    }
}
```

第 20 章
/
Java 中的反射

20.1 类加载器

20.1.1 类加载

当程序需要使用某个类时，如果该类还未被加载到内存中，则系统会通过类的加载、类的连接、类的初始化三个步骤来对类进行初始化，如果不出现意外情况，那么 JVM 将连续完成三个步骤，所以有时也把这三个步骤称为类加载或者类初始化。

- 类的加载

  - 将 class 文件读入内存，并为其创建一个 java.lang.Class 对象。

  - 任何类被使用时，系统都会为其建立一个 java.lang.Class 对象。

- 类的连接

  - 验证阶段：用于检测加载的类是否有正确的内部结构，并和其他类协调一致。

  - 准备阶段：负责为类的类变量分配内存，并设置默认初始值。

  - 解析阶段：将类的二进制数据中的符号引用替换为直接引用。

- 类的初始化

  - 主要对类变量进行初始化。

- 类的初始化步骤（当你想使用一个类的时候）

  - 假如类还未被加载和连接，则程序先加载并连接该类。

- ○ 假如该类的直接父类还未被初始化，则先初始化其直接父类。

- ○ 假如类中有初始化语句，则系统依次执行这些初始化语句。

- ○ 在初始化父类的时候，如果遇到类似的问题，那么依然遵循以上规则。

- 类的初始化的实质

- ○ 创建类的实例。

- ○ 调用类的类方法。

- ○ 访问类或者访问接口的类变量，或者为该类的变量赋值。

- ○ 使用反射方式来强制创建某个类或接口对应的 java.lang.Class 对象。

- ○ 初始化某个类的子类。

- ○ 直接使用 java.exe 命令来执行某个主类。

20.1.2　类加载器

- 类加载器的作用

- ○ 负责将 .class 文件加载到内存中，并为之生成对应的 java.lang.Class 对象。

- JVM 的类加载机制（了解）

- ○ 全盘负责：当一个类加载器负责加载某个 class 时，该 class 所依赖的和引用的其他 class 也将由该类加载器负责载入，除非显式（强制）使用另外一个类加载器来载入。

- ○ 父类委托：当一个类加载器负责加载某个 class 时，先让父类加载器加载该 class，只有在父类加载器无法加载该类时，才尝试从自己的类路径中加载该类。

- ○ 缓存机制：保证所有加载过的 class 都会被缓存，当程序需要使用某个 class 对象时，类加载器先从缓存区中搜索 class，只有当缓存区中不存在该 class 对象时，系统才会读取该类对应的二进制数据，并将其转换成 class 对象存储到缓冲区。

- ClassLoader：负责加载类的对象

- ○ `static ClassLoader getSystemClassLoader()`：返回用于委派的系统类加载器。

- ○ `ClassLoader getParent()`：返回父类加载器进行委派。

- ● Java 运行时的内置加载器

  - ○ Bootstrap class loader：虚拟机内置加载器。

  - ○ Platform class loader：平台类加载器。

  - ○ System class loader：应用程序加载器。

继承关系：System 的父类是 Platform，Platform 的父类为 Bootstrap。

```java
package com.mrxie03;

public class demo01 {
    public static void main(String[] args) {
        ClassLoader c = ClassLoader.getSystemClassLoader();
        System.out.println(c);
        // 输出结果：$AppClassLoader@442d9b6e

        System.out.println(c.getParent());
        // 输出结果：$PlatformClassLoader@61064425

        System.out.println(c.getParent().getParent());
        // 输出结果：null
    }
}
```

20.2 反射

20.2.1 概述

Java 反射机制：指在运行时获取一个类的变量和方法信息，然后通过获取的信息来创建对象、调用方法的一种机制，由于这种动态性可以极大地增强程序的灵活性，程序在运行期间仍然做扩展。

反射使程序的灵活性得到了大幅度的提升，但是对程序的安全性和健壮性会带来一定程度的风险。如果使用不当，则很可能造成灾难性的隐患。在初期，对于反射的内容大致了解即可。在未来，随着工作经验的积累，逐渐接触多了之后，根据具体的需求决定是否要利用反射机制来解决相应的问题。

20.2.2 获取 Class 类的对象

想要通过反射来使用一个类，首先要获取该类的字节码文件对象，也就是类型为 Class 的对象。

- 获取 Class 类型对象的三种方法

  ○ 类名 .class。

  ○ getClass()。

  ○ Class.forName(String className)。

```java
package com.mrxie03;

public class demo01 {
    public static void main(String[] args) throws ClassNotFoundException {
        // 最方便——直接通过类名获取
        Class<Student> c1 = Student.class;
        System.out.println(c1);

        // 相对用得较少——通过对象获取
        Class<? extends Student> c2 = new Student().getClass();
        System.out.println(c1 == c2);

        // 最灵活——直接通过字符串获取
        Class<?> c3 = Class.forName("com.itlaoxie.Student");
        System.out.println(c1 == c3);

    }
}
```

20.2.3 通过反射获取构造方法

无论是常规实例化对象，还是通过反射机制来实例化对象，都需要使用构造方法。下面我们就利用反射机制来获取构造方法。

```java
package com.mrxie03;

import java.lang.reflect.Constructor;
import java.lang.reflect.InvocationTargetException;

public class Demo {
    public static void main(String[] args) throws ClassNotFoundException,
```

```
NoSuchMethodException, IllegalAccessException, InvocationTargetException,
InstantiationException {
        Class<?> c = Class.forName("com.itlaoxie.Student");

        // 获取所有public的构造方法
        // 通过getConstructors方法获取的方法是对应实体类中所有的公有方法
        Constructor<?>[] cs = c.getConstructors();
        for (Constructor con : cs){
            System.out.println(con);
        }

        // 获取所有权限的构造方法
        // 通过getDeclaredConstructors方法获取的方法是对应实体类中所有的私有方法
        Constructor<?>[] dcs = c.getDeclaredConstructors();
        for (Constructor con : dcs){
            System.out.println(con);
        }

        System.out.println("=============================");

        // 通过获取的构造方法实例化对象
        Constructor<?> con = c.getConstructor();          // 获取公有无参构造方法
        Object stu = con.newInstance();                   // 通过映射创建学生类对象
        System.out.println(stu);
    }
}
```

20.2.4　通过反射创建对象

- 获取带参构造方法

```
package com.itlaoxie;

import java.lang.reflect.Constructor;
import java.lang.reflect.InvocationTargetException;

public class demo01 {
    public static void main(String[] args) throws ClassNotFoundException,
NoSuchMethodException, IllegalAccessException, InvocationTargetException,
InstantiationException {
        // 通过字符串中的包名及类名来获取class对象
        Class<?> c = Class.forName("com.itlaoxie.Student");
```

```
        // 获取公有带参构造方法
        Constructor<?> con = c.getConstructor(String.class, int.class);

        // 通过映射创建学生类对象
        Object stu = con.newInstance("IT老邢", 17);
        System.out.println(stu);
    }
}
```

● 使用私有构造方法创建对象

```
package com.itlaoxie;

import java.lang.reflect.Constructor;
import java.lang.reflect.InvocationTargetException;

public class Demo {
    public static void main(String[] args) throws ClassNotFoundException,
NoSuchMethodException, IllegalAccessException, InvocationTargetException,
InstantiationException {
        // 通过字符串中的包名和类名获取 class 对象
        Class<?> c = Class.forName("com.itlaoxie.Student");

        // 获取私有带参构造方法
        Constructor<?> con = c.getDeclaredConstructor(String.class, int.class);

        // 抑制权限检查
        con.setAccessible(true);

        // 通过映射创建学生类对象
        Object stu = con.newInstance("IT老邢", 17);
        System.out.println(stu);
    }
}
```

20.2.5 反射获取成员变量

通过 getFields 方法和 getDeclaredFields 方法获取实体类中的成员属性（变量），并实现访问。

```
package com.itlaoxie;

import java.lang.reflect.Constructor;
```

```java
import java.lang.reflect.Field;
import java.lang.reflect.InvocationTargetException;

public class Demo {
    public static void main(String[] args) throws ClassNotFoundException,
NoSuchFieldException, NoSuchMethodException, IllegalAccessException, Invo
cationTargetException, InstantiationException {
        // 获取 class 对象
        Class<?> c = Class.forName("com.itlaoxie.Student");

        // 获取所有公有的成员变量
        // Field[] fields = c.getFields();
        // 获取所有权限的成员变量
        // Field[] fields = c.getDeclaredFields();
        // for (Field field : fields){
        //     System.out.println(field);
        // }

        // =================================

        // 获取公有的成员属性
        //Field name = c.getField("name");
        // 获取任意的权限的成员属性
        Field name = c.getDeclaredField("name");

        // 获取无参构造方法并创建对象
        Object o = c.getDeclaredConstructor().newInstance();
        name.setAccessible(true);              // 抑制权限检测
        name.set(o, "IT老邪");                  // 设置 o 对象中的 name 变量
        System.out.println(o);                 // 控制台输出
    }
}
```

20.2.6　反射获取成员方法

通过 getMethods 方法和 getDeclaredMethods 方法获取实体类中的成员方法（函数），并实现访问。

```java
package com.itlaoxie;

import java.lang.reflect.Constructor;
import java.lang.reflect.Field;
import java.lang.reflect.InvocationTargetException;
```

```java
import java.lang.reflect.Method;

public class Demo {
    public static void main(String[] args) throws ClassNotFoundException,
NoSuchFieldException, NoSuchMethodException, IllegalAccessException,
InvocationTargetException, InstantiationException {
        // 获取 class 对象
        Class<?> c = Class.forName("com.itlaoxie.Student");

        // 获取成员方法
        // 获取类中的公有及继承下来的方法
        // Method[] methods = c.getMethods();
        // 获取本类中的所有方法，不包含继承的
        // Method[] methods = c.getDeclaredMethods();
        // for (Method method : methods){
        //     System.out.println(method);
        //}
        //=====================================

        // 获取 method01 无参构造方法
        Method m01 = c.getMethod("method01");
        Method m02 = c.getMethod("method02", String.class);
        Method m03 = c.getMethod("method02", String.class, int.class);

        // 创建对象
        Object o = c.getConstructor().newInstance();

        // 使用 invoke 方法来调用指定对象中的成员方法
        m01.invoke(o);
        m02.invoke(o, " 我是参数 ");
        System.out.println(m03.invoke(o, " 张三丰 ", 130));
    }
}
```

20.2.7 反射抑制泛型检查

我们在使用集合的时候，通常要按照集合规定的泛型对集合中的成员进行复制，但是如果利用反射机制，就可以绕过泛型检查。也就是说，我们可以在同一个集合中添加各种类型的成员。

```java
package com.itlaoxie;

import java.lang.reflect.Constructor;
```

```java
import java.lang.reflect.Field;
import java.lang.reflect.InvocationTargetException;
import java.lang.reflect.Method;
import java.util.ArrayList;

public class Demo {
    public static void main(String[] args) throws NoSuchMethodException,
InvocationTargetException, IllegalAccessException {
        // 创建集合
        ArrayList<Integer> list = new ArrayList<>();
        list.add(1314);
        list.add(9527);
        // list.add("IT老邪"); // 由于数据类型不符合集合实例化时泛型的要求，所以
                            //  会报错

        // 获取 ArrayList 类实例化对象 list 的 class 对象
        Class<? extends ArrayList> c = list.getClass();
        // 获取 add 方法，参数类型是 Object
        Method m = c.getMethod("add", Object.class);

        // 通过反射的方式，获取成员方法并调用，向集合中添加元素
        m.invoke(list, "Hello");
        m.invoke(list, "world");
        m.invoke(list, "映射");

        // 输出集合中的内容，我们可以看到既有整型数据，又存在字符串类型的数据
        System.out.println(list);
    }
}
```

20.2.8　通过配置文件实现反射

我们可以利用反射机制读取配置文件中的配置内容，并在程序中使用。

也就是说，我们可以根据配置文件中键值对的配置信息，来决定当前的某一段代码具体要实现哪一种功能。在程序代码不变的情况下，我们只需要修改配置文件中的配置信息，就可以改变程序的功能。案例如下。

conf.ini 配置文件的代码如下。

```
className=com.itlaoxie.Student
methodName=study
```

案例源码：com.itlaoxie.Student.java。

```java
package com.itlaoxie;

public class Student {
    public void study(){
        System.out.println(" 学生的任务就是好好学习！~");
    }
}
```

案例源码：com.itlaoxie.Teacher.java。

```java
package com.itlaoxie;

public class Teacher {
    public void teach(){
        System.out.println(" 老师的工作就是好好讲课！~");
    }
}
```

案例源码：com.itlaoxie.Demo.java。

```java
package com.itlaoxie;

import java.io.FileNotFoundException;
import java.io.FileReader;
import java.io.IOException;
import java.lang.reflect.Constructor;
import java.lang.reflect.Field;
import java.lang.reflect.InvocationTargetException;
import java.lang.reflect.Method;
import java.util.ArrayList;
import java.util.Properties;

public class Demo {
    public static void main(String[] args) throws NoSuchMethodException,
InvocationTargetException, IllegalAccessException, IOException,
ClassNotFoundException, InstantiationException {
        // 在常规情况下，如果我们想要访问 Student 类中的 study 方法
        // 就一定要实例化 Student 类的对象，然后通过这个对象去调用相应的成员方法
        // Student student = new Student();
        // student.study();

        // 如果想调用 Teacher 类的成员，那么方法也和上面的案例一样
```

```java
        // Teacher teacher = new Teacher();
        // teacher.teach();

        // =========================================================

        // 可以通过反射机制，利用配置文件中的内容来决定程序中的具体功能

        // I/O 流集合读取数据
        Properties prop = new Properties();
        FileReader fr = new FileReader(".\conf.ini");
        prop.load(fr);
        fr.close();

        //System.out.println(prop);

        // 获取类名和方法名
        String className = prop.getProperty("className");
        String methodName = prop.getProperty("methodName");

        // 通过反射获取 className 字符串中存储的包名及类名对应的 class 对象
        Class<?> c = Class.forName(className);

        // 获取构造方法并实例化对象
        Constructor<?> con = c.getConstructor();
        Object o = con.newInstance();

        // 通过 getMethod 获取方法
        Method method = c.getMethod(methodName);
        // 通过 invoke 调用刚刚获取的方法
        method.invoke(o);
    }
}
```

第 21 章
/
Java 中的多线程

21.1 实现多线程

1. 进程

进程就是正在运行的程序，是系统进行资源分配和调用的独立单位，每个进程都有自己的存储空间和系统资源。

2. 线程

线程就是进程中的单个顺序控制流，是一条执行路径，线程有单线程和多线程之分。

- 单线程：如果一个进程只有一条执行路径，则称之为单线程程序。

- 多线程：如果一个进程有多条执行路径，则称之为多线程程序。

21.1.1 多线程的实现：方式一

通过继承 Thread 类来实现多线程的步骤如下。

（1）定义一个 MyThread 继承 Thread 类。

（2）在 MyThread 类中重写 run 方法。

（3）创建 MyThread 类的对象。

（4）启动线程。

案例源码：com.itlaoxie.demo.MyThread.java。

```java
package com.itlaoxie.demo;

// 自定义一个线程类继承 Thread 类
public class MyThread extends Thread {
    // 重写 Thread 类中的 run 方法，启动线程的时候 run 方法会被自动调用
    @Override
    public void run() {
        // 在这个线程里面，我们让程序输出 1000 次变量 i 的值
        for (int i = 0; i < 1000; i++) {
            System.out.println("i = " + i);
        }
    }
}
```

案例源码：com.itlaoxie.demo.MyThreadDemo.java。

```java
package com.itlaoxie.demo;

public class MyThreadDemo {
    public static void main(String[] args) {
        MyThread my01 = new MyThread();
        MyThread my02 = new MyThread();

        // run 方法并没有启动线程
        // my01.run();
        // my02.run();

        // 启动线程需要使用 start 方法
        my01.start();
        my02.start();
        // 观察线程启动之后 i 的值有没有规律
    }
}
```

21.1.2 设置和获取线程名称

我们在 21.1.1 节继承 Thread 类的案例中看到，输出的 i 值似乎是没有什么规律的，而且也分不清哪个值对应哪个线程。如果我们可以在输出的时候获取到对应线程的名字，这样查看起来就会更方便。使用以下方式可以设置并获取线程的名字。

- 设置线程名

- ○ 通过 `void setName(String name)` 方法：这里将线程名设置为 name。
- ○ 通过带参构造方法设置线程名。

- 获取线程名

- ○ 通过 `String getName()` 方法获取线程名。
- ○ 通过 `Thread.currentThread().getName()` 方法获取当前正在执行的线程对象的名字。

21.1.3 线程调度

线程调度模型有两种。

- 分时调度模型：所有线程轮流使用 CPU 的执行权，平均分配每个线程占用 CPU 的时间。

- 抢占调度模型：让优先级高的线程先使用 CPU，如果线程的优先级相同，则随机选择一个，优先级高的线程获取的 CPU 占用时间会相对较多。Java 使用的是该调度模型。

在 Thread 类中设置和获取线程优先级的方法如下。

- `public final int getPriority()`：返回此线程的优先级。
- `public final void setProiority(int newPriority)`：更改此线程的优先级。

案例源码：com.itlaoxie.demo.ThreadPriority.java。

```java
package com.itlaoxie.demo;

public class ThreadPriority extends Thread{
    // 自定义带参构造方法，参数用来设置线程名
    public ThreadPriority(String name) {
        super(name);
    }

    @Override
    public void run() {
        for (int i = 0; i < 1000; i++) {
            System.out.println(getName() + ", " + i);
        }
    }
}
```

com.itlaoxie.demo.ThreadPriorityDemo.java

```java
package com.itlaoxie.demo;

public class ThreadPriorityDemo {
    public static void main(String[] args) {
        // 实例化线程对象，并初始化线程名
        ThreadPriority tp01 = new ThreadPriority("唱歌");
        ThreadPriority tp02 = new ThreadPriority("跳舞");
        ThreadPriority tp03 = new ThreadPriority("打麻将");

        // 获取并输出当前的线程优先级，线程默认优先级为5
        // System.out.println(tp01.getPriority());
        // System.out.println(tp02.getPriority());
        // System.out.println(tp03.getPriority());

        // 线程对象中的两个常量，分别代表最大优先级和最小优先级
        // System.out.println(Thread.MIN_PRIORITY);// 最小优先级为1
        // System.out.println(Thread.MAX_PRIORITY);// 最大优先级为10

        // 设置线程优先级
        tp01.setPriority(5);
        tp02.setPriority(1);
        tp03.setPriority(10);

        // 启动线程，查看并分析程序运行结果
        tp01.start();
        tp02.start();
        tp03.start();
    }
}
```

21.1.4　线程控制

在多线程的程序中，我们可以使用一些常用的方法来控制线程的运行时机，具体说明如下表所示。

方法名	说明
static void sleep(long ms)	使当前正在执行的线程停留指定的时间（ms）
void join()	等待该线程死亡
void setDaemon(boolean on)	将该线程标记为守护线程，当运行线程都是守护线程时，JVM 将退出

1. sleep 案例

案例场景：三位武林高手在比武，每人出招之前都至少需要 1s 的考虑时间。高手比武的过程是抢招、发招，这就和 Java 中多线程的抢占调度模型类似，具体实现代码如下。

案例源码：com.itlaoxie.demo.ThreadSleep.java。

```java
package com.itlaoxie.demo;

public class ThreadSleep extends Thread {
    public ThreadSleep(String name) {
        super(name);
    }

    @Override
    public void run() {
        for (int i = 0; i < 100; i++) {
            System.out.println(this.getName() + " : " + i);
            try {
                // 每次输出之后都休眠 1s（1s 等于 1000ms）
                Thread.sleep(1000);
            } catch (InterruptedException e) {
                e.printStackTrace();
            }
        }
    }
}
```

案例源码：com.itlaoxie.demo.ThreadSleepDemo.java。

```java
package com.itlaoxie.demo;

public class ThreadSleepDemo {
    public static void main(String[] args) {
        // 实例化线程对象
        ThreadSleep ts01 = new ThreadSleep(" 张三丰 ");
        ThreadSleep ts02 = new ThreadSleep(" 火云邪神 ");
        ThreadSleep ts03 = new ThreadSleep(" 东方不败 ");

        // 启动三个线程
        ts01.start();
        ts02.start();
        ts03.start();
    }
}
```

2. join 案例

案例场景：IT 老邪带弟子做课程，老邪在的时候，课程由老邪主导，老邪不在的时候,其弟子才有机会争夺课程主导权。那么在程序中就需要等待老邪的线程运行结束之后，弟子的线程才可以抢占 CPU 的执行权，具体实现代码如下。

案例源码：com.itlaoxie.demo.ThreadJoin.java。

```java
package com.itlaoxie.demo;

public class ThreadJoin extends Thread {
    public ThreadJoin(String name) {
        super(name);
    }

    @Override
    public void run() {
        for (int i = 0; i < 100; i++) {
            System.out.println(this.getName() + " : " + i);
        }
    }
}
```

案例源码：com.itlaoxie.demo.ThreadJoinDemo.java。

```java
package com.itlaoxie.demo;

public class ThreadJoinDemo {
    public static void main(String[] args) throws InterruptedException {
        ThreadJoin ts01 = new ThreadJion("IT 老邪 ");
        ThreadJoin ts02 = new ThreadJion("IT 小肆 ");
        ThreadJoin ts03 = new ThreadJion("IT 小邪 ");

        ts01.start();
        ts01.join();// IT 老邪不在了，弟子才有机会

        ts02.start();
        ts03.start();
    }
}
```

3. setDeamon 案例

案例场景：IT 老邪在给弟子上课，课间休息的时候老邪和弟子可以聊天。当老邪决

定上课以后，所有人将不允许说话，弟子的线程中利用循环输出内容，模拟说话的过程。测试类中的主线程为老邪上课的课间休息，其间老邪也利用循环输出一些内容，模拟课间与弟子聊天的过程。当老邪说"上课了"的时候，主线程运行结束，其他线程也将停止运行。

这里我们可以利用守护线程来实现，守护线程的使用类似于保镖保护重要人物，如果重要人物都不在了，那么保镖也就没有存在的意义了。具体实现代码如下。

案例源码：com.itlaoxie.demo.ThreadDeamon.java。

```java
package com.itlaoxie.demo;

public class ThreadDeamon extends Thread {
    public ThreadDeamon(String name) {
        super(name);
    }

    @Override
    public void run() {

        for (int i = 0; i < 500; i++) {
            System.out.println(this.getName() + " 正在说第 " + i + " 句话 ");
        }
    }
}
```

案例源码：com.itlaoxie.demo.ThreadDeamonDemo.java。

```java
package com.itlaoxie.demo;

public class ThreadDeamonDemo {
    public static void main(String[] args) throws InterruptedException {
        ThreadDeamon ts01 = new ThreadDeamon("IT 零昊 ");
        ThreadDeamon ts02 = new ThreadDeamon("IT 小邪 ");
        ThreadDeamon ts03 = new ThreadDeamon("IT 小肆 ");

        // 设置守护线程
        ts01.setDaemon(true);
        ts02.setDaemon(true);
        ts03.setDaemon(true);

        // 进入课间时间，启动线程，大家开始聊天
        ts01.start();
```

```
        ts02.start();
        ts03.start();

        for (int i = 0; i < 5; i++) {
            System.out.println(" 老邪 正在说第 " + i + " 句话 ");
        }
        System.out.println(" 上课了 ");
    }
}
```

在这个案例中我们会发现一个现象，当主线程结束之后，也就是老邪说"上课了"之后，大家虽然都停止说话，线程结束，但是并没有立即结束。

我们要知道，这并不是程序中的 Bug，而是正常现象。由于使用抢占调度模型，有些线程已经抢夺到了 CPU 的执行权，并且 CPU 的运行速度也是我们没有办法用具体的时间来估算的。可以这么想，在现实生活中，如果在教室里听见老师说"上课了"这个立即停止说话的信号，但是此时你的话已经说了一半，比如你想说"一会儿下课我们去吃麻辣烫"，但当听到"上课了"信号时只说了"一会儿下课我们去吃"，相信你也不会把"麻辣烫"三个字咽回去。当然，老师即使听到了也不会十分介意。

21.1.5 线程生命周期

一个线程从无到有再到无，需要经历一个过程。这个过程我们将其称为线程的生命周期。线程的生命周期中有以下几个环节。

- 新建：创建线程对象。通过 `start()` 进入下一个环节。

- 就绪：有执行资格，没有执行权，要抢占 CPU 的执行权。

- 执行：有执行资格，有执行权。在此环节，线程可能被其他线程抢走 CPU 执行权，此时线程回到就绪状态，若遇到阻塞式方法，则失去运行权，此时需要等待，当阻塞方法调用结束后，回到就绪状态。

- 死亡：线程死亡，成为垃圾，等待 JVM 将其回收。

21.1.6 多线程的实现：方式二

由于 Java 是单继承编程语言，也就是说，如果当前线程类继承了 Thread 类就不能再继承其他类，所以继承了 Thread 类实现多线程的方式使用起来就会很有局限性。

基于此，Java 为我们提供了另一种多线程实现方案，即通过实现 Runnable 接口来实现多线程。首先，Runnable 是一个接口，我们知道一个类可以在继承另一个类的同时实现多个接口，这就巧妙地避开了单继承的局限性。采用这种方式不会影响实体类或者工具类的继承关系结构，以及其他接口的实现，更方便我们进行编码设计。

通过实现 Runnable 接口来实现多线程的步骤如下。

（1）定义一个 MyRunnable 类实现 Runnable 接口。

（2）在 MyRunnable 类中重写 run 方法。

（3）创建 Thread 类的对象，把 MyRunnable 对象作为构造方法的参数。

（4）启动线程。

案例源码：com.itlaoxie.demo.MyRunnable.java。

```java
package com.itlaoxie.demo;

// 定义一个 Runnable 的实现类，并重写 Runnable 接口中的 run 方法
public class MyRunnable implements Runnable {
    @Override
    public void run() {
        for (int i = 0; i < 100; i++) {
            System.out.println(Thread.currentThread().getName() + " : " + i);
        }
    }
}
```

案例源码：com.itlaoxie.demo.MyRunnableDemo.java。

```java
package pro.mrxie.demo.threadFun;

public class MyRunnableDemo {
    public static void main(String[] args) {
        // 实例化 Runnable 的实现类对象
        MyRunnable myRun = new MyRunnable();
        // 将实现类对象作为线程实例化时的构造方法参数，实例化线程对象
        Thread thread01 = new Thread(myRun);
        Thread thread02 = new Thread(myRun, " 线程 02");

        // 启动线程
        thread01.start();
        thread02.start();
```

```
// 由于线程实例化的时候，Runnable 接口的对象可以作为实例化参数
// 因此在这里我们也可以直接通过匿名内部类来传递参数，实现线程实例化
new Thread(new Runnable() {
    @Override
    public void run() {
        for (int i = 0; i < 20; i++) {
            System.out.println(Thread.currentThread().getName()
+ " i = " + i);

            try {
                Thread.sleep(500);
            } catch (InterruptedException e) {
                e.printStackTrace();
            }
        }
    }
}).start();
// 这里使用匿名线程对象直接调用 start 方法来启动线程
    }
}
```

相比于继承 Thread 类，实现 Runnable 接口的优势如下。

● 避免了 Java 单继承的局限性。

● 适合多个程序的代码同时处理一个资源的情况，把线程和程序代码、数据有效分离，更好地体现面向对象的设计思想。

21.2　线程同步

21.2.1　线程同步概述

本节我们先通过一个"卖票"案例认识线程同步，并给出实现代码，介绍其中涉及的数据安全问题。

1. 案例：卖票

需求：IT 老邪现场签名会共有 100 张门票，设置 3 个卖票窗口，模拟卖票程序的设计思路如下。

（1）定义一个 SellTickets 类实现 Runnable 接口，其中定义一个成员 private int tickets = 100。

（2）在 SellTickets 类中重写 run 方法，实现卖票。

- 判断剩余票数是否大于 0，如有余票就继续售卖，并告知是由哪个窗口卖出的。

- 卖掉一张票之后，总数对应减 1。

- 门票售罄也可能有人来买，用死循环让卖票动作一直持续。

（3）定义一个测试类 SellTicketsTest，其中有 `main()` 方法。

- 创建 SellTickets 类对象。

- 创建 3 个 Thread 类对象，把 SellTickets 类对象作为构造方法的参数，给出对应的窗口。

- 启动线程。

2. 数据安全问题

对于上述案例的执行流程，可能存在数据安全问题。

- 是否有多线程环境？
- 是否有共享数据？
- 是否有多条语句操作共享数据？

针对数据安全问题，我们使用同步代码块来解决，具体方法是 `sycnchronized(` 任意对象 `){}`。

案例源码：com.itlaoxie.SellTickets.java。

```java
package com.itlaoxie.demo;

public class SellTickets implements Runnable{
    private int tickets = 100;
        // 在使用同步代码块的时候，需要一把锁，注意一把锁只能锁住同一类的线程操作
    private Object obj = new Object();
    @Override
    public void run() {
        // 门票售罄也可能有人来买，老邪很"宠粉"，所以用死循环让卖票动作一直持续
        while (true){
            // synchronized (new Object()){ // 仍然会出现问题，因为每次的锁都
```

```
                                            // 不同, 不会产生同步效果

        // 这里可以优先尝试注释掉 synchronized 这一层代码块, 查看卖票的结果是否合理
        synchronized (obj){              // 这一行先注释掉, 之后添加
            if (tickets > 0){
                // 只要票量大于 0, 就说明还有票, 可以继续售卖
                // 这里休眠 1s, 模拟出票过程
                try {
                    Thread.sleep(1000);
                } catch (InterruptedException e) {
                    e.printStackTrace();
                }
                // 打印售票记录
                System.out.println(Thread.currentThread().getName()
                        + " 正在出售第 " + tickets + " 张票");
                // 将票的总数做 -- 操作
                tickets--;
            }
        } // 这个大括号随 synchronized (obj){ 代码一同注释掉, 运行并查看效果
    }
}
```

案例源码: com.itlaoxie.demo.SellTicketDemo.java。

```
package com.itlaoxie.demo;

public class SellTicketDemo {
    public static void main(String[] args) {
        // 实例化售票线程 Runnable 对象
        SellTickets st = new SellTickets();

        // 通过 Runnable 对象实例化售票窗口线程对象
        Thread t01 = new Thread(st, "售票窗口 1");
        Thread t02 = new Thread(st, "售票窗口 2");
        Thread t03 = new Thread(st, "售票窗口 3");

        // 启动线程, 3 个窗口同时开始卖票
        t01.start();
        t02.start();
        t03.start();
    }
}
```

在以上案例中我们留意到, 在不使用同步代码块的时候, 卖票的顺序是有问题的,

同一张票有可能被卖不止一次，有些票则没有机会被售卖。例如，第 90 张票售出后，理论上应该出售第 91 张票，但实际上卖的却是第 97 张。这就是线程安全问题。在没有线程同步的时候，一个线程中可能会出现多条程序代码，如果这些代码操作了共享数据（案例中 票的数量就是共享数据），就会出现上述情况。

因为 Java 中的线程使用的是抢占调度模型，在当前线程中执行某一行代码时，该代码很有可能被其他线程抢走，此时共享数据的值就很有可能被其他线程修改，若当前线程再次抢回 CPU 的执行权，则此时的共享数据就是不准确的。

为了解决这个问题，我们就要使用线程同步方式，锁住某一部分代码块，让这个代码块可以运行完毕再释放 CPU 的执行权，这样就不会出现共享数据值不准确的问题，也就避免了线程安全问题。

我们可以想象这个同步锁就是洗手间的门锁，我们进入洗手间一定要锁门，不然方便到一半有人进来把你拉出去，想必你也会很不舒服。synchronized(obj){} 代码块就是这个洗手间，synchronized() 就是洗手间的门，这个门需要上锁，小括号里面传递的参数就是这把锁，而且我们要保证多个线程使用的是同一把锁，保证线程数据安全。

21.2.2　线程同步的优势与弊端

使用线程同步的优势与弊端具体如下。

● 优势：解决线程的数据安全问题。

● 弊端：当线程很多时，因为每个线程都要判断同步过程中的锁，肯定会非常耗费资源，无形中也就降低了运行效率。

21.2.3　线程同步方法

线程同步方法就是把 synchronized 关键字添加到方法上。

● 格式：修饰符 synchronized 返回值类型　方法名（形参列表）{}。

● 同步方法的锁对象是 this。

示例如下。

```
// 可以把卖票的动作封装在一个同步方法里，这样只需要在使用时调用这个同步方法即可
private synchronized void sellTicket() {
        if (tickets > 0){
```

```
        try {
            Thread.sleep(1000);
        } catch (InterruptedException e) {
            e.printStackTrace();
        }

        System.out.println(Thread.currentThread().getName() + " 正在出售第 " +
tickets + " 张票");

        tickets--;
    }
}
```

同步方法使用的锁对象是当前的类对象，也就是 this 对象，所以上面的写法等价于下面的写法，可以对比两者的区别。

```
private void sellTicket() {
    // 同步锁使用的是当前对象 this
    synchronized(this){
        if (tickets > 0){
            try {
                Thread.sleep(1000);
            } catch (InterruptedException e) {
                e.printStackTrace();
            }

            System.out.println(Thread.currentThread().getName() + " 正在出售第 " +
tickets + " 张票");

            tickets--;
        }
    }
}
```

下面介绍线程静态同步方法。静态同步方法就是把 synchronized 关键字添加到静态方法上。

- 格式：修饰符 synchronized 返回值类型 方法名 (方法参数){}。

- 同步静态方法的锁对象是类名 .class。

静态同步方法示例如下。

```
// 静态同步方法的声明实际上只比普通的同步方法多了一个 static 关键字，但是系统默认使用的同步
// 锁却不同
private static synchronized void sellTicket() {
    if (tickets > 0){
    try {
        Thread.sleep(1000);
    } catch (InterruptedException e) {
        e.printStackTrace();
    }

    System.out.println(Thread.currentThread().getName() + " 正在出售第 "
+ tickets + " 张票 ");

    tickets--;
    }
}
```

　　静态同步方法使用的同步锁是当前"类名 .class"的对象，所以上面的写法等价于下面的写法，可以对比两者的区别。

```
private static void sellTicket() {
    // 同步锁使用的是类名 .class
    synchronized(SellTickets.class){
      if (tickets > 0){
        try {
            Thread.sleep(1000);
        } catch (InterruptedException e) {
            e.printStackTrace();
        }

        System.out.println(Thread.currentThread().getName() + " 正在出售第 " +
 tickets + " 张票 ");

        tickets--;
      }
    }
}
```

21.2.4　线程安全的类

　　本节介绍一些线程安全的类，这几个类当中的成员方法我们并不陌生，因为在之前的章节中已经有所提及。从用法角度来讲，这些类与前面介绍的类几乎完全相同，只是类中多了一层线程安全的属性。

- StringBuffer：

  ○ 线程安全，可变的字符串序列。

  ○ 字符串同步，如果不需要同步，则建议使用 StringBuilder。

- Vector：List 同步集合，如果不需要同步，则建议使用 ArrayList。

- Hashtable：Map 同步集合，如果不需要同步，则建议使用 HashMap。

21.2.5　Lock

在之前的线程同步示例中，我们一直在聊"锁"这个话题，本节将通过一个更系统的案例，让大家对"锁"的认识更直观。

```java
public class SellTicket implements Runnable {
    private int tickets = 1000;
    // 创建锁对象
    private Lock lock = new ReentrantLock();

    @Override
    public void run() {
        while(true){
            try{
                lock.lock();      // 上锁，从这一行代码开始，锁定后面将要运行的内容，
                                  // 不被其他线程抢走执行权
                if (tickets > 0){
                    try {
                        Thread.sleep(100);
                    } catch (InterruptedException e) {
                        e.printStackTrace();
                    }
                    System.out.println(Thread.currentThread().getName()+" 正在出
售第 "+tickets+" 张票 ");
                    tickets--;
                }
            }finally {
                // 在 finally 中解锁
                // 为了避免产生死锁，这里将解锁的语句写在了 finally 当中，也就是说，不管上
                // 面是否出现异常都会执行到解锁
                lock.unlock();  // 解锁，解锁之后其他线程可以继续抢夺 CPU 的执行权
            }
        }
    }
}
```

21.3 生产者、消费者模型

多线程中涉及生产者与消费者模型，我们通过一个场景来描述这个模型。

案例场景：老邪小的时候喝牛奶是需要订的，每天固定的时间会有专门的送奶工给每家每户送牛奶，所以很多人的家门口都会有一个奶箱。我们根据这个场景设计一个程序，送奶与取奶的过程就是生产与消费的过程。送奶工送来一份牛奶就是生产了一份牛奶，老邪取走并喝掉这份牛奶就是消费了一份牛奶。

指定程序规则如下。

● 一个奶箱里只能容纳一份牛奶。

● 送奶工每天必须送一份牛奶给老邪。

● 送奶工必须在奶箱里没有牛奶的情况下才能放入新的牛奶，完成自己的任务。

● 老邪每天必须要喝一份牛奶。

有了以上规则，我们通过代码来实现这个案例，具体如下。

案例源码：com.itlaoxie.demo.Box.java——奶箱类。

```java
package com.itlaoxie.demo;
/**
 * @ClassName Box
 * @Description: TODO 奶箱类
 */
public class Box {
    // 一共有多少份牛奶, 送了几份
    private int milk;
    // 奶箱状态默认初始化为 false, 表示其中没有牛奶
    private boolean state = false;

    /**
     * 送牛奶的方法, 这里使用的是同步方法
     * @param milk : 正在送第几份牛奶
     */
    public synchronized void put(int milk) {
        // 如果奶箱不是空的, 就等待
        if (state){
            try {
                wait();
                // 线程等待, wait 方法与 sleep 不同, sleep 根据参数的具体时间（ms）
```

```
                    // 休眠，时间到了会自动苏醒
                    // wait方法需要通过程序唤醒才能苏醒，所以这里我们使用了wait方法，
                    // 后面需要在某处对其唤醒
            } catch (InterruptedException e) {
                e.printStackTrace();
            }
        }
        // 生产牛奶
        this.milk = milk;

        // 输出送牛奶的过程
        System.out.println("送奶工将第 " + this.milk + " 份奶送入奶箱");

        // 修改奶箱状态
        state = true;

        // 唤醒全部wait的线程，实际上是为了唤醒消费者取牛奶的线程
        // 如果已经执行wait方法，程序就不会向下运行到这里了
        // 只有在其他某个线程中唤醒wait，程序才会执行到这里的notifyAll()
        notifyAll();
    }


    /**
     * 取牛奶的方法，这里使用的是同步方法
     * 取牛奶的过程实际上就是，只要奶箱里有牛奶，我们就可以把它取走喝掉
     */
    public synchronized void get() {
        // 如果奶箱里没有牛奶，就等待，当然也没有可取的
        if (!state){
            try {
                wait();
            } catch (InterruptedException e) {
                e.printStackTrace();
            }
        }

        // 如果奶箱里有牛奶，就取走，并输出取走的过程
        System.out.println("老邪拿到第 " + this.milk + " 份奶");

        // 修改奶箱状态
        state = false;

        // 唤醒，类似于送奶过程中的唤醒
        notifyAll();
    }
}
```

案例源码：com.itlaoxie.demo.Producer.java——生产者类（送奶工）。

```java
package com.itlaoxie.demo;

// 生产者类
public class Producer implements Runnable {
    // 送奶工要送的奶箱对象
    private Box b;

    // 通过构造方法实例化生产者对象，并通过参数指定奶箱
    public Producer(Box b) {
        this.b = b;
    }

    // 线程方法
    @Override
    public void run() {
        // 一周送 7 天，循环调用奶箱中的送奶方法，并传递正在送第几份
        for (int i = 1; i <= 7; i++) {
            b.put(i);
        }
    }
}
```

案例源码：com.itlaoxie.demo.Customer.java——消费者类（IT 老邪）。

```java
package com.itlaoxie.demo;

// 消费者类
public class Customer implements Runnable{
    // 消费者从哪个奶箱里取走牛奶
    private Box b;

    // 通过构造方法实例化消费者对象，并通过参数指定要从哪个奶箱中取走牛奶
    public Customer(Box b) {
        this.b = b;
    }

    @Override
    public void run() {
        // 死循环取牛奶，只要送奶工送了就取，不用管送了多少份，老邪不嫌多，越多越好
        while (true)
            b.get();
    }
}
```

案例源码：com.itlaoxie.demo.BoxDemo.java——测试类。

```
package com.itlaoxie.demo;

public class BoxDemo {
    public static void main(String[] args) {
        Box b = new Box();    // 实例化一个奶箱

        // 实例化生产者对象，并把要操作的奶箱传递给构造方法
        Producer p = new Producer(b);
        // 实例化消费者对象，并把要操作的奶箱传递给构造方法
        Customer c = new Customer(b);

        Thread tp = new Thread(p);    // 实例化生产者线程
        Thread tc = new Thread(c);    // 实例化消费者线程

        // 启动线程
        tp.start();
        tc.start();
    }
}
```

21.4　Timer 定时器

由于定时器的运行效果与线程比较类似，所以本节对定时器做一个简单的介绍。

定时器的使用与运行效果虽然与线程类似，但并不完全相同。定时器启动之后占用的是一个独立的运行路径。假设在一个程序中有三个线程分别是 A、B、C，同时存在一个定时器 T，那么此时 A、B、C 三个线程抢夺的是同一个运行路径中的 CPU 资源，谁抢到谁就能运行，但 T 是自己占用一条独立运行路径的，和其他的线程之间不存在抢夺 CPU 资源的情况。这就是定时器和线程之间的区别。

我们一起来看一下定时器的应用示例。

```
package com.itlaoxie.demo;

import java.util.Timer;
import java.util.TimerTask;

public class TimerDemo04 {
    public static void main(String[] args) {
        // 启动定时器
        // 这里使用了匿名对象直接调用方法来启动定时器
        // 定时器启动需要通过 schedule 方法实现，在启动定时器的方法中需要使用 TimerTask
        // 的对象
        // TimerTask 的实现与线程类似，都需要重写 run 方法来实现具体的功能
        new Timer().schedule(new TimerTask() {
```

```java
        @Override
        public void run() {
            // 在 run 方法中输出 20 次 i 的值，每输出一次就休眠 1s
            for (int i = 0; i < 20; i++) {
                System.out.println(Thread.currentThread().getName() +
" i = " + i);

                try {
                    Thread.sleep(1000);
                } catch (InterruptedException e) {
                    e.printStackTrace();
                }
            }
            // 当定时器结束时，我们可以结束程序，比如使用 System.exit() 方法
            // 当运行到这里时，JVM 直接结束
            // System.exit(1); // Java 虚拟机直接停止运行

            // 如果不想结束 JVM 的运行，则可以使用 System.gc() 只结束当前的 run 方法，
            // 通知 Java 回收垃圾
            System.gc();
        }
    }, 5000); // schedule 方法的第二个参数是定时器时间，表示多长时间之后启动这个定时
              // 器中的代码，这里设置为 5000ms，即 5s

    // ===========================================================

    // 使用匿名对象直接通过匿名内部类实现线程中的 run 方法，并直接通过 start 方法
    // 启动线程
    new Thread(new Runnable() {
        @Override
        public void run() {
            for (int i = 0; i < 20; i++) {
                System.out.println(Thread.currentThread().getName() +
" i = " + i);

                try {
                    Thread.sleep(1000);
                } catch (InterruptedException e) {
                    e.printStackTrace();
                }
            }
            System.gc();
        }
    }).start();
    }
}
```

通过以上案例我们可以发现，定时器的实现与线程的实现在写法上并没有太大的区别。建议将定时器与线程做横向对比，更方便加深理解。另外，以上案例的运行结果也可以论证之前我们提到的——定时器占用的是独立的运行路径。

第 22 章
/
Lambda 表达式

22.1　Lambda 概述

函数式编程思想

面向对象思想注重的是，一切的动作都通过对象的形式去完成。

而函数式编程思想更注重的是做什么，而不是通过什么形式去做。

22.1.1　简单案例：通过 Lambda 创建并启动线程

```java
package com.itlaoxie.demo;

public class LambdaDemo {
    public static void main(String[] args) {
        // 之前我们启动一个线程最简便的方式，就是使用 Runnable 匿名内部类作为参数传递给
        // Thread 构造方法来完成
        // 用匿名内部类方式启动线程
        // new Thread(new Runnable() {
        //     @Override
        //     public void run() {
        //         System.out.println(" 一个新的线程被启动了 ");
        //     }
        // }).start();

        // 现在我们可以用更方便的 Lambda 表达式方式来启动线程
        new Thread(() -> {
```

```
            System.out.println(" 一个新的线程被启动了 ");
        }).start();
    }
}
```

22.1.2　Lambda 表达式的基本格式

Lambda 表达式的基本格式如下。

- `()`：小括号里的内容是形参列表，是要实现的接口中唯一的抽象方法所对应的形参列表。
- `->`：箭头的后面是在程序中具体要做的事情，这是一个固定格式。
- `{}`：大括号的内部是方法体，方法体是可以被重写的，`{}` 是固定格式。

对照上面的案例，我们可以很清晰地对比出每个部分替换的具体内容，这就是 Lambda 的基本格式。

22.1.3　Lambda 表达式案例

Lambda 表达式使用的前提：

- 必须有一个接口。
- 接口中有且只有一个抽象方法。

需求：

- 定义一个接口 `Eatable`，接口中包含 `void eat(String food)`。
- 定义一个测试类 `EatableDemo`，在测试类中提供两个方法。
  - `runEat(Eatable e)`。
  - `main` 方法，调用 `runEat` 方法。

案例源码：com.itlaoxie.demo.Eatable.java。

```
package com.itlaoxie.demo;

// 定义一个接口, 接口中有且只有一个抽象方法
public interface Eatable {
    void eat(String food);
}
```

案例源码：com.itlaoxie.demo.EatableDemo.java。

```java
package com.itlaoxie.demo;

// 用三种不同的方式实现接口中的抽象方法并调用
public class EatableDemo {
    public static void main(String[] args) {
        // 匿名内部类的方式
        runEat(new Eatable() {
            @Override
            public void eat(String food) {
                System.out.println(food);
                System.out.println("你喜欢吗? -- 匿名内部类");
            }
        });

        // Lambda
        runEat((String food) -> {
            System.out.println(food);
            System.out.println("你喜欢吗? -- Lambda 表达式");
        });

        // 多态的引用形式
        Eatable e = (String food)->{
            System.out.println(food);
            System.out.println("你喜欢吗? -- 多态引用");
        };
        e.eat("西瓜");
    }

    // 普通静态方法, 使用接口对象作为参数
    public static void runEat(Eatable e){
        // 在接口中可以直接通过形参调用接口中的抽象方法
        // 具体方法的实现可以通过实现类、Lambda 或者在实例化接口对象时使用匿名内部类来完成
        e.eat("榴莲");
    }
}
```

22.1.4　Lambda 的省略模式

- 参数的类型可以省略。

- 如果参数有且只有一个，则小括号可以省略不写。

- 如果代码块的语句只有一条，则可以省略大括号和分号（如果有 return，则 return 需要一同被删掉）。

案例源码：com.itlaoxie.demo.Eatable.java。

```java
package com.itlaoxie.demo;

/**
 * @ClassName Eatable 一个用于吃的接口，其中只包含一个抽象方法
 * @Description: TODO
 */
public interface Eatable {
    void eat(String food);
}
```

案例源码：com.itlaoxie.demo.Computable.java。

```java
package com.itlaoxie.demo03;

/**
 * @ClassName Computable 一个用于计算的接口，其中只包含一个抽象方法
 * @Description: TODO
 */
public interface Computable {
    Integer computer(Integer a, Integer b);
}
```

案例源码：com.itlaoxie.demo.EatableDemo.java。

```java
package com.itlaoxie.demo03;

/**
 * @ClassName Demo03Test
 * @Description: TODO
 */
public class EatableDemo {
    public static void main(String[] args) {
        // 用匿名内部类方式来实现
        runEat(new Eatable() {
            @Override
            public void eat(String food) {
                System.out.println(" 老邪喜欢吃 " + food);
```

```
        }
    });

    // 完整版的 Lambda
    runEat((String food) -> {
        System.out.println("小肆也喜欢吃" + food);
    });

    // 省略版的 Lambda
    runEat(food -> System.out.println("冰哥最喜欢吃" + food));

    System.out.println("====================================");

    // 匿名内部类
    runComputer(new Computable() {
        @Override
        public Integer computer(Integer a, Integer b) {
            return a + b;
        }
    });

    // 完整版的 Lambda
    runComputer((Integer a, Integer b) -> {
        return a - b;
    });

    // 省略版的 Lambda
    runComputer((a, b) -> a * b);
}

private static void runEat(Eatable e){
    e.eat("辣椒");
}

private static void runComputer(Computable com){
    Integer res = com.computer(7, 8);
    System.out.println("res = " + res);
}
}
```

结合之前完整版的 Lambda 表达式，可以对比看出省略版中的 Lambda 表达式到底省略了哪些内容。

22.1.5 Lambda 的注意事项

- 要实现的接口中保证有且只有一个抽象方法（这样的接口我们称其为"函数式接口"）。

- 必须有类型指向，才能确定 Lambda 对应的接口（可以通过传参或者多态的方式实现）

22.1.6 Lambda 与匿名内部类

匿名内部类：这是一个万能类，接口、抽象类、普通的类均可。

Lambda：只针对于接口，其他类不可以，而且要求接口中有且只有一个抽象方法。

匿名内部类在编译运行时会生成可见的字节码文件（.class），Lambda 则不会。

22.2 Lambda 支持的方法引用

22.2.1 常见的引用方式

- 引用类方法：引用类中的静态方法。标准格式为 类名 :: 静态方法名。
- 引用对象的实例方法：引用对象中的成员方法。标准格式为 对象 :: 成员方法名。
- 引用类的实例方法：引用类中的普通成员方法。标准格式为 类名 :: 成员方法名。
- 引用构造方法：引用类中的构造方法。标准格式为 类名 ::new。

22.2.2 案例

在下面的案例中，会分别使用匿名内部类、完整版的 Lambda、省略版的 Lambda 和常见的引用方式，以便进行对比。

1. 引用类方法案例

引用类方法实际上就是引用类中的静态方法，标准格式为 类名 :: 静态方法名。

案例源码：com.itlaoxie.demo.Converter.java。

```
package com.itlaoxie.demo;
```

```
/**
 * @ClassName Converter
 * @Description: TODO 转换接口
 */
public interface Converter {
    Integer convert(String str);
}
```

案例源码：com.itlaoxie.demo.ConverterDemo.java。

```
package com.itlaoxie.demo;

/**
 * @ClassName ConverterDemo
 * @Description: TODO 应用类中的静态方法
 */
public class ConverterDemo {
    public static void main(String[] args) {
        // 匿名内部类
        runConvert(new Converter() {
            @Override
            public Integer convert(String str) {
                return Integer.parseInt(str);
            }
        });

        // 完整版的 Lambda
        runConvert((String str) -> {
            return Integer.parseInt(str);
        });

        // 省略版的 Lambda
        runConvert(str -> Integer.parseInt(str));

        // 将引用类中的静态方法替换成 Lambda
        runConvert(Integer::parseInt);
        // 在将引用类方法替换成 Lambda 时，原 Lambda 中的所有实参将作为替换方法的实参进行
        // 传递（隐式）
    }

    private static void runConvert(Converter con){
        Integer num = con.convert("9527");
        System.out.println(num + 1);
    }
}
```

2. 引用对象的实例方法案例

引用对象的实例方法实际上就是引用对象中的成员方法，标准格式为对象∷成员方法名。

案例源码：com.itlaoxie.demo.PrintUpper.java。

```java
package com.itlaoxie.demo;

/**
 * @ClassName PrintUpper
 * @Description: TODO 打印大写
 */
public class PrintUpper {
    public void printUpper(String str){
        // 输出字符串参数所对应的大写字母
        System.out.println(" 大写字母格式为: " + str.toUpperCase());
    }
}
```

案例源码：com.itlaoxie.demo.Printer.java。

```java
package com.itlaoxie.demo;

/**
 * @ClassName Printer
 * @Description: TODO 打印接口
 */
public interface Printer {
    void printUpperCase(String str);
}
```

案例源码：com.itlaoxie.demo.PrinterDemo.java。

```java
package com.itlaoxie.demo;

import java.util.Locale;

/**
 * @ClassName PrinterDemo
 * @Description: TODO 引用对象的实例方法
 */
public class PrinterDemo {
    public static void main(String[] args) {
```

```
    // 匿名内部类
    runPrinter(new Printer() {
        @Override
        public void printUpperCase(String str) {
            System.out.println(str.toUpperCase());
        }
    });

    // 完整版的 Lambda
    runPrinter((String str) -> {
        System.out.println(str.toUpperCase());
    });

    // 省略版的 Lambda
    runPrinter(str -> System.out.println(str.toUpperCase()));

    // 在将引用对象的实例方法替换成 Lambda 时，会将所有的形参作为引用方法的实参传
    // 递（隐式）
    runPrinter(new PrintUpper()::printUpper);
}

private static void runPrinter(Printer p){
    p.printUpperCase("Hello JavaSE Lambda！~");
}
}
```

3. 引用类的实例方法案例

引用类的实例方法实际上就是引用类中的普通成员方法，标准格式为 类名::成员方法名。

案例源码：com.itlaoxie.demo.MyString.java。

```
package com.itlaoxie.demo;

/**
 * @ClassName MyString
 * @Description: TODO 字符串处理
 */
public interface MyString {
    String mySubString(String str, int start, int end);
}
```

案例源码：com.itlaoxie.demo.MyStringDemo.java。

```java
package com.itlaoxie.demo;

/**
 * @ClassName MyStringDemo
 * @Description: TODO 将引用类的实例方法替换成 Lambda
 */
public class MyStringDemo {
    public static void main(String[] args) {
        // 匿名内部类
        runMyString(new MyString() {
            @Override
            public String mySubString(String str, int start, int end) {
                return str.substring(start, end);
            }
        });

        // 完整版的 Lambda
        runMyString((String str, int start, int end) -> {
            return str.substring(start, end);
        });

        // 省略版的 Lambda
        runMyString((str, start, end) -> str.substring(start, end));

        // 在将引用类的实例方法替换成 Lambda 时，会将第一个参数作为方法的调用者，将其
        // 他参数作为实参进行传递（隐式）
        runMyString(String::substring);
    }

    private static void runMyString(MyString ms){
        String resStr = ms.mySubString("Hello JavaSE Lambda!~", 6, 12);
        System.out.println("resStr = " + resStr);
    }
}
```

4. 引用构造方法

引用构造方法实际上就是引用类中的构造方法，标准格式为类名::new。

案例源码：com.itlaoxie.demo.Student.java。

```java
package com.itlaoxie.demo;

/**
 * @ClassName Student 实体类
```

```
 * @Description: TODO
 */
public class Student {
    private String name;
    private int age;

    public Student() {
    }

    public Student(String name, int age) {
        this.name = name;
        this.age = age;
    }

    public String getName() {
        return name;
    }

    public void setName(String name) {
        this.name = name;
    }

    public int getAge() {
        return age;
    }

    public void setAge(int age) {
        this.age = age;
    }
}
```

案例源码：com.itlaoxie.demo.StudentBuilder.java。

```
package com.itlaoxie.demo;

/**
 * @ClassName StudentBuilder 用于构建学生类对象
 * @Description: TODO
 */
public interface StudentBuilder {
    Student build(String name, Integer age);
}
```

案例源码：com.itlaoxie.demo.StudentDemo.java。

```java
package com.itlaoxie.demo;

/**
 * @ClassName StudentBuilderTest
 * @Description: TODO 引用构造方法
 */
public class StudentBuilderTest {
    public static void main(String[] args) {
        // 匿名内部类
        runStudentBuilder(new StudentBuilder() {
            @Override
            public Student build(String name, Integer age) {
                return new Student(name, age);
            }
        });

        // 完整版的 Lambda
        runStudentBuilder((String name, Integer age) -> {
            return new Student(name, age);
        });

        // 省略版的 Lambda
        runStudentBuilder((name, age) -> new Student(name, age));

        // 在将引用构造方法替换成 Lambda 时，它的所有形参将作为实参进行传递（隐式）
        runStudentBuilder(Student::new);
    }

    private static void runStudentBuilder(StudentBuilder sb){
        Student stu = sb.build("小肆", 23);
        System.out.printf("name = %s\nage = %d\n", stu.getName(),
stu.getAge());
    }
}
```

22.3　函数式接口

函数式接口是有且只有一个抽象方法的接口，专为 Lambda 而生。

```java
@FunctionalInterface
```

22.3.1 函数式接口作为方法的参数

创建线程就是典型的函数式接口。

```java
package com.itlaoxie.demo;

/**
 * @ClassName Demo01
 * @Description: TODO 函数式接口作为方法的参数
 */
public class Demo01 {
    public static void main(String[] args) {
        startThread(new Runnable() {
            @Override
            public void run() {
                System.out.println("我是通过匿名内部类实现的线程！~");
            }
        });

        startThread(() -> {
            System.out.println("我是通过完整版的 Lambda 实现的线程");
        });

        startThread(() -> System.out.println("我是通过省略版的Lambda实现的线程"));
    }

    private static void startThread(Runnable ran){
        Thread thread = new Thread(ran);
        thread.start();
    }
}
```

22.3.2 函数式接口作为方法的返回值

```java
package com.itlaoxie.demo;

import java.util.ArrayList;
import java.util.Collections;
import java.util.Comparator;

/**
 * @ClassName Demo02
 * @Description: TODO 函数式接口作为方法的返回值
```

```
*/
public class Demo02 {
    public static void main(String[] args) {
        ArrayList<String> list = new ArrayList<>();

        list.add("56789");
        list.add("1234569");
        list.add("123456789");
        list.add("123789");
        list.add("12345678");

        // Collections.sort(list); // 自然规则排序
        Collections.sort(list, getComparator());

        for (String s : list) {
            System.out.println(s);
        }
    }

    private static Comparator<String> getComparator() {
        // 返回匿名内部类对象
        // return new Comparator<String>() {
        //     @Override
        //     public int compare(String o1, String o2) {
        //         return o1.length() - o2.length();
        //     }
        // };

        // 返回 Lambda
        return (s1, s2) -> s1.length() - s2.length();

        // 返回引用模式
        // return Comparator.comparingInt(String::length);
    }
}
```

22.4　常用的函数式接口

22.4.1　Supplier

　　Supplier 是一个生产者接口，主要用来生产数据，通常返回的是一个数据（可以使用 Lambda 表达式）。

```java
package com.itlaoxie.demo;

import java.util.function.Supplier;

public class SupplierDemo {
    public static void main(String[] args) {
        // 匿名内部类
        // String str = getSting(new Supplier<String>() {
        //     @Override
        //     public String get() {
        //         return " 我是一个字符串！ ~";
        //     }
        // });

        // 完整版的 Lambda
        // String str = getSting(() -> {
        //     return " 我也是一个字符串~";
        // });

        // 省略版的 Lambda
        String str = getSting(() -> "JavaSE MySQL Linux".substring(7, 12));
        System.out.println("str = " + str);

        int[] arr = {1,2,3,4,5,6,7,8,9,0};
        Integer max = maxValue(() -> {
            int mv = arr[0];
            for (int i = 1; i < arr.length; i++) {
                if (arr[i] > mv)
                    mv = arr[i];
            }
            return mv;
        });
        System.out.println("maxValue = " + max);
    }

    private static String getSting(Supplier<String> sup) {
        return sup.get();
    }

    private static Integer maxValue(Supplier<Integer> sup){
        return sup.get();
    }
}
```

22.4.2 Consumer

Consumer 是一个消费者接口，主要针对数据做一些提取的操作，不需要返回值。

```java
package com.itlaoxie.demo;

import java.util.function.Consumer;

public class ConsumerDemo {
    public static void main(String[] args) {
        operatorString("小肆", (str) -> System.out.println("你的名字是: " + str));

        operatorString("小肆", (str) -> System.out.println("你的名字反过来是: "
+ new StringBuilder(str).reverse()));

        System.out.println("===============================");

        operatorString(" 小肆 ",
                System.out::println,
                (str) -> System.out.println(new StringBuilder(str).reverse()));
    }

    private static void operatorString(String str, Consumer<String> con){
        con.accept(str);
    }

    private static void operatorString(String str, Consumer<String> con1,
Consumer<String> con2){
        // con1.accept(str);
        // con2.accept(str);
        // 等价于上两行
        con1.andThen(con2).accept(str);
    }
}
```

应用场景如下。

```java
package com.itlaoxie.demo;

import java.util.function.Consumer;

/**
 * @ClassName ConsumerTest
 * @Description: TODO Consumer 消费者接口应用场景
```

```
*/
public class ConsumerTest {
    public static void main(String[] args) {
        String[] infoArr = {"东邪：黄固 ","西毒：欧阳锋 ","南帝：段智兴 ","北丐：
洪七公 ","中神通：王重阳 "};

        printInfo(infoArr,
                info -> {
                    String nickname = info.split(":")[0];
                    System.out.println("绰号：" + nickname);
                }, info -> {
                    String name = info.split(":")[1];
                    System.out.println("原名：" + name);
                });
    }

    // 使用消费者接口处理特殊格式数据的消费输出
    private static void printInfo(String[] infoArr, Consumer<String> con1,
Consumer<String> con2){
        for (String info : infoArr) {
            con1.andThen(con2).accept(info);
            System.out.println("=================");
        }
    }
}
```

22.4.3　Predicate

Predicate 通常用于判断参数是否满足指定的条件。

```
package com.mrxie01.Demo01;

import java.util.function.Predicate;

public class PredicateDemo {
    public static void main(String[] args) {
        boolean b01 = checkString("Hello", s -> s.length() > 12);
        System.out.println(b01);

        boolean b02 = checkString("HelloJava", s -> s.length() > 2);
        System.out.println(b02);

        boolean b03 = checkString("Hello", s -> s.length() > 2, s ->
```

```
s.length() < 10);
        System.out.println(b03);
    }

    // 判断给定的字符串是否满足要求
    private static boolean checkString(String s, Predicate<String> pre) {
        // return pre.test(s);// test方法用于判断，返回booelan类型值
        // return !pre.test(s);// test方法用于判断，返回booelan类型值
        return pre.negate().test(s);// 等价于逻辑非
    }

    // 对同一个字符串给出两个不同的判断条件，然后把这两个判断结果做逻辑运算，最终返回
    private static boolean checkString(String s, Predicate<String> p1,
Predicate<String> p2) {
        // return p1.test(s) && p2.test(s);
        // return p1.and(p2).test(s);// 等价于逻辑与

        // return p1.test(s) || p2.test(s);
        return p1.or(p2).test(s);// 等价于逻辑或
    }
}
```

应用场景如下。

```
package com.itlaoxie.demo;

import java.util.ArrayList;
import java.util.function.Predicate;

/**
 * @ClassName PredicateTest
 * @Description: TODO Predicate应用场景
 */
public class PredicateTest {
    public static void main(String[] args) {
        String[] infoArr = {"黄固,28", "欧阳锋,31", "段智兴,35", "洪七公,42",
"王重阳,43"};

        ArrayList<String> list = myFilter(infoArr,
                s -> s.split(",")[0].length() == 3,
                s -> Integer.parseInt(s.split(",")[1]) > 40);

        System.out.println(list);
    }
```

```
    private static ArrayList<String> myFilter(String[] infoArr,
                                              Predicate<String> pre1,
                                              Predicate<String> pre2){
        ArrayList<String> list = new ArrayList<>();

        for (String info : infoArr) {
            if (pre1.and(pre2).test(info))
                list.add(info);
        }

        return list;
    }
}
```

22.4.4 Function

Function 用于接收一个参数，并产生一个结果。

Function<T,R> 接口：通常用于对参数进行处理（处理逻辑由 Lambda 实现），然后返回一个新的值。

```
package com.mrxie01.Demo01;

import java.util.function.Function;

public class FunctionDemo {
    public static void main(String[] args) {
        // convert("9527", s -> Integer.parseInt(s));
        convert("9527", Integer::parseInt);
        System.out.println("===========================");
        // convert(1314, i -> "" + i);
        // convert(1314, i -> String.valueOf(i));
        convert(1314, String::valueOf);
        System.out.println("===========================");
        convert("1314", Integer::parseInt, i -> String.valueOf(i + 1314));
    }

    // 定义一个方法,把一个字符串转换成 int 类型,并在控制台输出
    private static void convert(String s, Function<String, Integer> fun){
        Integer i = fun.apply(s);
        System.out.println(i);
    }

    // 定义一个方法,首先给一个 int 类型的数据加上一个整数,然后将它转换为字符串,并在
```

```
// 控制台输出
private static void convert(Integer i, Function<Integer, String> fun){
    String str = fun.apply(i + 1314);
    System.out.println(str);
}

// 定义一个方法，首先把一个字符串转换成 int 类型的数据，然后给这个 int 类型的数据加
// 上一个整数，之后将它转换为字符串，并在控制台输出
private static void convert(String str, Function<String, Integer> f1,
Function<Integer, String> f2){
    // Integer i = f1.apply(str);
    // String res = f2.apply(i);
    // 把第一次处理的结果作为第二次的参数（管道）
    String res = f1.andThen(f2).apply(str);
    System.out.println(res);
}
}
```

22.5   Stream 流

22.5.1   流的不同状态

- 生成流：通过数据源（数组或者集合）生成流，`list.stream()`。

- 中间流：一个流后面可以跟随任意个中间操作，其目的是打开流。在此过程中要做过滤/映射，然后返回一个新的流交给下一个操作使用，`filter()`。

- 结束流：一个流只能有一个终结操作，当这个操作被执行后，流就被使用完了，`forEach()`。

Stream 流真正把函数式编程带给了 Java。

简单案例：在所有人名中找出三个字并且姓张的名字。

```
package com.mrxie02;

import java.util.ArrayList;

public class StreamDemo {
    public static void main(String[] args) {
        ArrayList<String> list = new ArrayList<>();
```

```
        list.add("张三丰");
        list.add("张翠山");
        list.add("赵敏");
        list.add("张无忌");
        list.add("殷素素");
        list.add("谢逊");
        list.add("灭绝");
        list.add("张牙舞爪");

        // 找出所有姓张的名字
        ArrayList<String> zhangList = new ArrayList<>();
        for (String str : list){
            if (str.startsWith("张"))
                zhangList.add(str);
        }
        System.out.println(zhangList);

        // 找出姓张, 并且名字是三个字的名字
        ArrayList<String> threeList = new ArrayList<>();
        for (String str : zhangList){
            if (3 == str.length())
                threeList.add(str);
        }

        // System.out.println(threeList);

        // 输出结果
        for (String str : threeList){
            System.out.println(str);
        }

        System.out.println("==========================");

        // 使用Stream方式, 一个语句就可以实现, 是不是很方便? 但是目前阶段的你可能感到疑惑,
        // 不要紧, 继续看后面的内容
        list.stream().filter(s -> s.startsWith("张")).filter(s -> 3 ==
s.length()).forEach(System.out::println);
    }
}
```

22.5.2　Stream 流的生成方式

如果想要使用 Stream 流，就必须先获取 Stream 流，下面是一些常用的 Stream 流的生成方式。

```java
package com.itlaoxie.demo;

import java.util.*;
import java.util.stream.Stream;

public class StreamDemo {
    public static void main(String[] args) {
        // Collection 体系的集合，可以使用默认方法 stream() 获得 stream 流
        ArrayList<String> list = new ArrayList<>();
        Stream<String> listStream = list.stream();

        HashSet<String> set = new HashSet<>();
        Stream<String> setStream = set.stream();

        // Map 体系的集合，间接生成集合
        Map<String, Integer> map = new HashMap<>();
        Stream<String> keyStream = map.keySet().stream();
        Stream<Integer> valStream = map.values().stream();
        Stream<Map.Entry<String, Integer>> entryStream = map.entrySet().stream();

        // 如果是数组，则可以通过 Stream 接口的静态方法 of() 来生成 stream 流
        String[] strArr = {"aaa", "bbb", "ccc"};
        Stream<String> arrStream01 = Stream.of(strArr);
        Stream<String> arrStream02 = Stream.of("111","222","333");
        Stream<Integer> arrStream03 = Stream.of(1314,9527);
    }
}
```

22.5.3　Stream 中间流的操作方式

Stream 中间流的操作方式就是在获取了 Stream 流之后，对流中的数据所做的处理，比如筛选等。

```java
package com.itlaoxie;

import java.util.*;
import java.util.stream.Stream;

public class StreamDemo {
    public static void main(String[] args) {
        ArrayList<String> list = new ArrayList<>();
        list.add(" 张三丰 ");
```

```
        list.add("张翠山");
        list.add("赵敏");
        list.add("张无忌");
        list.add("殷素素");
        list.add("谢逊");
        list.add("灭绝");
        list.add("张牙舞爪");

        // Stream 中间流处理
        // 姓张的 (filter)
        list.stream().filter(s -> s.startsWith("张")).forEach(s -> System.
out.println(s));
        System.out.println("==============");

        // 长度为3的（filter）
        list.stream().filter(s -> 3 == s.length()).forEach(s -> System.out.
println(s));
        System.out.println("==============");

        // 张开头、长度为3、取前两个 (limit)
        list.stream().filter(s -> s.startsWith("张")).filter(s -> 3 ==
s.length()).limit(2).forEach(s -> System.out.println(s));
        System.out.println("==============");

        // 张开头、长度为3、跳过前两个 (skip)
        list.stream().filter(s -> s.startsWith("张")).filter(s -> 3 ==
s.length()).skip(2).forEach(s -> System.out.println(s));
        System.out.println("==============");

        // 取前五个组成一个流
        Stream<String> s01 = list.stream().limit(5);
        // s01.forEach(System.out::println);
        // 流被终结之后再次被使用时就会出现: IllegalStateException
        System.out.println("==============");

        // 取得跳过的3个元素组成一个流
        Stream<String> s02 = list.stream().skip(3);
        // s02.forEach(System.out::println);
        System.out.println("==============");

        // 将 s01 和 s02 组成一个新的流
        // Stream.concat(s01,s02).forEach(System.out::println);
        System.out.println("==============");
```

```java
        // 将 s01 和 s02 组成一个新的流，去掉重复的
        Stream.concat(s01,s02).distinct().forEach(System.out::println);
        System.out.println("=============");

        // 自然排序
        list.stream().sorted().forEach(System.out::println);
        System.out.println("=============");

        // 比较器排序
        list.stream().sorted((s1,s2)->{
            int res = s1.length() - s2.length();
            return 0 == res ? s1.compareTo(s2) : res;
        }).forEach(System.out::println);
        // 通过提示 Alt+Enter 生成（IDEA 开发工具的快捷操作）
        // list.stream().sorted(Comparator.comparingInt(String::length).
        // thenComparing(s -> s)).forEach(System.out::println);
        System.out.println("=============");

        // 将集合中的字符串转换为整数之后在控制台输出
        list.clear();
        list.add("111");
        list.add("555");
        list.add("333");
        list.add("222");
        list.add("444");

        // list.stream().map(s -> Integer.parseInt(s)).sorted().
        // forEach(System.out::println);
        list.stream().map(Integer::parseInt).sorted().forEach(System.
out::println);
        System.out.println("=============");


        // 通过 mapToInt 实现
        list.stream().mapToInt(Integer::parseInt).forEach(System.
out::println);// 普通的转换
        System.out.println("=============");

        // 转换后求和，使用 IntStream 中特有的计算方法
        int sum = list.stream().mapToInt(Integer::parseInt).sum();
        System.out.println(sum);
        System.out.println("=============");
    }
}
```

　　以上案例总结了部分 Stream 中间流的操作方式，更多的用法需要读者自己逐步地摸索、总结，争取做到举一反三。

22.5.4　Stream 结束流的操作方式

```java
package com.itlaoxie.demo;

import java.util.*;
import java.util.stream.Stream;

public class StreamDemo {
    public static void main(String[] args) {
        ArrayList<String> list = new ArrayList<>();

        list.add("3456789");
        list.add("123456789");
        list.add("6789");
        list.add("23456789");
        list.add("56789");
        list.add("456789");

        // 按照字符串的自然规则排序
        // list.stream().sorted().forEach(System.out::println);

        // System.out.println("=======================");
        // 按照字符串对应数值的自然规则排序

        // list.stream().map(Integer::parseInt).sorted().forEach(System.
out::println);

        // int sum = list.stream().mapToInt(Integer::parseInt).sum();
        // 求和
        // System.out.println("sum = " + sum);

        // OptionalDouble average = list.stream().mapToInt(Integer::
parseInt).average(); // 求平均值
        // double asDouble = average.getAsDouble();
        // System.out.println(asDouble);

        // long count = list.stream().filter(s -> s.length() > 6).count();
        // 统计
        // System.out.println(count);
```

```
        OptionalInt max = list.stream().mapToInt(Integer::parseInt).max();
        System.out.println(max.getAsInt());
        // 最小值请读者自己尝试
    }
}
```

以上案例总结了部分 Stream 结束流的操作方式，更多的用法需要读者自己逐步地摸索、总结。

22.5.5　案例

需求：使用 Stream 流，将信息做翻页显示处理。

```java
package com.itlaoxie.demo;

import java.util.ArrayList;
import java.util.Scanner;

/**
 * @ClassName PageDemo
 * @Description: TODO 翻页案例
 */
public class PageDemo {
    public static void main(String[] args) {
        // 实例化集合用于存储数据
        ArrayList<String> list = new ArrayList<>();
        initList(list);

        // 每页显示多少条数据
        final int PAGE_COUNT = 5;
        // 最大的页码数 = 集合元素格式 / 每页结束条目数 + （如果除不开，则说明还有不够一
        // 页的数据要显示，也要算一页，如果除开则不算）
        final int MAX_PAGE = list.size() / PAGE_COUNT + (list.size() %
PAGE_COUNT != 0 ? 1 : 0);

        int page = 0; // 默认从第一页开始，page 初始化为 0
        while (true) {
            // 通过 stream（流）操作显示内容。skip 是跳过不显示的，通过 limit 显示要
            // 显示的
            list.stream().skip(page * PAGE_COUNT).limit(PAGE_COUNT).
forEach(System.out::println);
```

```java
            // 输出翻页提示
            System.out.println("B 上一页 ------ 下一页 N");

            // 根据用户的操作判断向上翻页还是向下翻页
            switch (new Scanner(System.in).next()) {
                // 大小写"通吃"，N(Next) 表示向后翻页
                case "N":
                case "n":
                    // Math.min 可以取得参数中较小的值，避免翻过最大页码
                    page = Math.min(page + 1, MAX_PAGE - 1);
                    break;
                // B(Before) 表示向前翻页
                case "B":
                case "b":
                    // Math.max 可以取得参数中较大的值，避免向前翻过最小页码，产生异常
                    page = Math.max(page - 1, 0);
                    break;
                default:
                    System.out.println(" 不知道你要做什么！~");
            }
        }
    }

    /**
     * 初始化测试数据
     * @param list 目标集合
     */
    private static void initList(ArrayList<String> list) {
        list.add(" 郭老大 ");
        list.add(" 郭老二 ");
        list.add(" 郭老三 ");
        list.add(" 郭小妹 ");
        list.add(" 郭郭 ");
        list.add(" 郭宝 ");
        list.add(" 郭靖 ");
        list.add(" 黄蓉 ");
        list.add(" 杨过 ");
        list.add(" 小龙女 ");
        list.add(" 独孤求败 ");
        list.add(" 东方不败 ");
    }
}
```

第 23 章
/
网络编程

23.1　网络编程概述

网络编程的三要素：

简单地说，当一台计算机想要暴露在网络环境中时就必须要用到三要素：IP 地址、端口和协议，具体的定义与描述，这里不再赘述。在后面的实操环节中我们将频繁地使用这三要素。

1. IP 地址

IP 地址：某个想要上网的设备在网络中的唯一标识。

IP 地址的两大分类：

- IPv4（主流）。
- IPv6（还未普及）。

常用的 MSDOS 命令：

- ipconfig -all。
- ping xxx.xxx.xxx.xx。
- netstat -ano。

特殊的 IP 地址：

127.0.0.1：本地的回环地址。

InetAddress

提供 IP 地址的获取及相关操作，如下表所示。

方法名	说明
static InetAddress getByName(String host)	确定主机名的 IP 地址，主机名可以是机器名称，也可以是 IP 地址
String getHostName()	获取此 IP 地址的主机名
String getHostAddress()	返回文本中显示的 IP 地址字符串

```java
package com.mrxie.Demo10;

import java.net.InetAddress;
import java.net.UnknownHostException;

public class InetAddressDemo {
    public static void main(String[] args) throws UnknownHostException {
        // 确定主机名的 IP 地址
        // InetAddress address = InetAddress.getByName("ICE-MAC");
        InetAddress address = InetAddress.getByName("192.168.1.6");

        System.out.println("主机名: " + address.getHostName());
        System.out.println("IP 地址: " + address.getHostAddress());
    }
}
```

2. 端口

端口：某个设备商的某个应用程序在设备中的唯一标识。

端口号：用两字节标识整数，它的取值范围是 0 ~ 65535；其中，0 ~ 1023 之间的端口号多用于一些知名的网络服务和应用，普通的应用需要使用 1024 及以上的端口号。如果端口号被另外一个服务或应用占用，就会导致当前程序启动失败。

3. 协议

协议：在计算机网络中，连接和通信的规则被称为网络通信协议。

★ UDP

UDP 即用户数据包协议（User Datagram Protocol）。

● UDP 是无连接的通信协议，即在数据传输时，数据的发送端和接收端不建立逻辑连接。简单地说，当一台计算机向另外一台计算机发送数据时，发送端不会确认接收端是否存在，就会发送数据；同样，接收端在收到数据时，也不会向发送端反馈是否接收到了数据。

● 由于 UDP 消耗资源少，通信效率高，所以通常应用于音频、视频和普通数据的传输。

例如，视频会议通常采用 UDP，因为即使偶尔丢失一两个数据包，也不会对接收结果产生太大的影响。但是在使用 UDP 传输数据时，由于 UDP 是面向无连接的，不能保证数据的完整性，所以在传输重要数据时不建议使用 UDP。

★ TCP

TCP 即传输控制协议（Transmission Control Protocol）。

● TCP 是面向连接的通信协议，在传输数据之前，首先在发送端和接收端之间建立逻辑连接，然后传输数据，它提供了两台计算机之间的可靠的、无差错的数据传输。在 TCP 连接中，不需要明确客户端与服务器端，由客户端向服务器端发送连接请求，每次连接的创建都需要经过"三次握手"。

● 三次握手：在 TCP 中，在发送数据的准备阶段，客户端与服务器端的三次交互，以保证连接的可靠性。

  ○ 第一次：客户端向服务器端发送连接请求，等待服务器端确认。

  ○ 第二次：服务器端向客户端发送一个响应，通知客户端接收到了连接请求。

  ○ 第三次：客户端再次向服务器端发送确认信息，确认连接。

● 在完成三次握手之后，建立连接，客户端和服务器端就可以开始进行数据传输了。由于这种面向连接的特性，TCP 可以保证传输数据的安全，所以应用十分广泛，例如文件的上传、下载、网页的浏览等。

23.2 UDP 通信程序

23.2.1 UDP 通信原理

UDP 是一种不可靠的网络协议，它在通信的两端各创建一个 Socket 对象，但是这两个 Socket 对象只是发送、接收数据的对象，因此对于 UDP 的通信双方而言，没有客户端与服务器端的概念。

Java 提供了 DatagramSocket 类作为基于 UDP 的 Socket 类。

23.2.2 使用 UDP 发送数据

发送数据的步骤：

（1）创建发送端的 Socket 对象（DatagramSocket）。

（2）创建数据，并把数据打包。

（3）调用 DatagramSocket 对象的方法发送数据。

（4）关闭 Socket 对象。

```java
package com.itlaoxie.demo;

import java.io.IOException;
import java.net.DatagramPacket;
import java.net.DatagramSocket;
import java.net.InetAddress;
import java.net.SocketException;

public class SendDedemo {
    public static void main(String[] args) throws IOException {
        // 创建 Socket 对象
        DatagramSocket ds = new DatagramSocket();

        // 创建并初始化数据，通过 getBytes 方法获取字符串对应的字节数组
        byte[] bytes = "Hello UDP".getBytes();

        // 获取字节数组的长度
        int length = bytes.length;

        // 通过主机名获取 InetAddress 对象
        InetAddress address = InetAddress.getByName("ITLaoXie-MAC");

        // 设置端口号
        int port = 9527;

        // 把数据打包
        DatagramPacket dp = new DatagramPacket(bytes, length, address, port);
```

```
        // 发送数据包
        ds.send(dp);

        // 关闭Socket
        ds.close();
    }
}
```

23.2.3　使用 UDP 接收数据

接收数据的步骤：

（1）创建接收端的 Socket 对象（DatagramSocket）。

（2）创建一个数据包，用于接收数据。

（3）调用 DatagramSocket 对象的方法接收数据。

（4）解析数据包。

（5）关闭 Socket 对象。

```java
package com.itlaoxie.demo;

import java.io.IOException;
import java.net.DatagramPacket;
import java.net.DatagramSocket;
import java.net.SocketException;

public class ReceiveDemo {
    public static void main(String[] args) throws IOException {
        // 创建Socket对象
        DatagramSocket ds = new DatagramSocket(9527);

        // 创建用于接收数据的字节数组
        byte[] bytes = new byte[1024];

        // 创建接收数据包的对象
        DatagramPacket dp = new DatagramPacket(bytes, bytes.length);

        // 接收数据包
        ds.receive(dp);

        // 将数据包里的内容解析到字节数组中
        byte[] datas = dp.getData();
```

```
        // 将字节数组转换成字符串，方便输出
        // String dataStr = new String(datas);        // 如果不指定实例化字符串长
                                                      // 度，则可能会出现乱码
        // 因此这里选择根据实际的数据长度实例化字符串
        String dataStr = new String(datas, 0, dp.getLength());

        // 输出接收到的内容
        System.out.println("接收到的数据是：" + dataStr);

        // 关闭 Socket 对象
        ds.close();
    }
}
```

23.2.4　案例：使用 UDP 收 / 发数据

需求如下：

- 使用 UDP 发送数据：数据来自键盘输入，直到输入 over，结束数据发送。

- 使用 UDP 接收数据：因为接收端不知道发送端是何时停止的，所以采用死循环的方式接收数据。

```
package com.itlaoxie.demo;

import java.io.BufferedReader;
import java.io.IOException;
import java.io.InputStreamReader;
import java.net.DatagramPacket;
import java.net.DatagramSocket;
import java.net.InetAddress;
import java.net.SocketException;
import java.util.Scanner;

public class SendInputDemo {
    public static void main(String[] args) throws IOException {
        // 创建 UDP Socket 对象
        DatagramSocket ds = new DatagramSocket();
        // 创建一个空字符串
        String line;
        // 循环发送
        do {
```

```java
            // 输出要求用户输入的提示信息
            System.out.print(" 请输入要发送的内容： ");
            // 用户输入内容到 line 字符串中
            line = new Scanner(System.in).nextLine();
            // 如果输入的是 "over"，就结束循环，即停止发送的动作
            if ("over".equals(line))
                    break;
            // 定义发送数据并赋值
            byte[] bytes = line.getBytes();
            // 将数据打包
            DatagramPacket dp = new DatagramPacket(bytes, bytes.length,
InetAddress.getByName("192.168.1.6"), 9527);
            // 发送数据
            ds.send(dp);
        }while (!"over".equals(line));  // 只要用户输入的内容不是 "over"，就继续循环

        // 以下是另外一种发送方法，可作为参考
        // BufferedReader br = new BufferedReader(new InputStreamReader
(System.in));
        // String line;
        // while ((line = br.readLine()) != null){
        //      if ("over".equals(line))
        //          break;
        //
        //      byte[] bytes = line.getBytes();
        //      DatagramPacket dp = new DatagramPacket(bytes, bytes.length,
InetAddress.getByName("192.168.1.6"), 9527);
        //
        //      ds.send(dp);
        // }

        ds.close();
    }
}
```

案例源码：com.itlaoxie.demo.ReceiveInputDemo.java。

```java
package com.itlaoxie.demo;

import java.io.IOException;
import java.net.DatagramPacket;
import java.net.DatagramSocket;
import java.net.SocketException;
```

```java
public class ReceiveInputDemo {
    public static void main(String[] args) throws IOException {
        // 创建接收端的 Socket 对象，接收端需要在实例化对象的时候通过构造方法设置端口号
        DatagramSocket ds = new DatagramSocket(9527);

        // 循环接收
        while (true){
            // 创建一个接收数据的缓冲区，这是一个 1KB 大小的字节数组
            byte[] bytes = new byte[1024];

            // 实例化接收数据包的对象
            DatagramPacket dp = new DatagramPacket(bytes, bytes.length);

            // 接收数据到数据包中
            ds.receive(dp);

            // 把接收到的数据转换成字符串并输出
            System.out.println("接收到: " + new String(dp.getData(), 0,
dp.getLength()));
        }

        // 由于使用的是循环接收，所以关闭 Socket 对象一直不被执行，但是我们知道如果不用了
        // 是需要关闭的
        // 因此这行代码写在这里，但是被笔者注释掉了，目的是提醒你还有这样一个步骤
        // ds.close();
    }
}
```

23.2.5 模拟聊天室

我们在聊天室的应用中发送与接收消息与上面的案例不同，在聊天室中，消息统一发送到一个服务器端，再由服务器端转发给每个登录的客户端，所以在这个案例中，我们需要一个转发服务器。首先，这个转发服务器接收每个客户端发送来的数据；其次，将这些数据转发给所有已登录的服务器。

案例源码：com.itlaoxie.chatroom.Server.java——转发服务器。

```java
package com.itlaoxie.chatroom;

import java.io.IOException;
import java.net.DatagramPacket;
import java.net.DatagramSocket;
import java.net.InetAddress;
```

```java
import java.util.Set;
import java.util.TreeMap;

public class Server {
    public static void main(String[] args) throws IOException {
        // 创建发送端的对象
        DatagramSocket dsSend = new DatagramSocket();
        // 创建接收端的对象
        DatagramSocket dsRec = new DatagramSocket(9527);

        // 内置一些端口和用户，定义该程序可以使用的端口
        // 使用有序的 Map 集合，在该集合中不会出现重复的值
        // 键用来存储端口号，值用来存储用户名
        // 也可以在其他位置设置一个全局的静态变量来存储这部分内容
        TreeMap<Integer, String> portMap = new TreeMap<>();
        portMap.put(20001, "IT老邪");
        portMap.put(20002, "IT小邪");
        portMap.put(20003, "IT小肆");

        // 创建聊天数据缓冲区
        byte[] bytes = new byte[1024];

        // 接收数据并且转发给所有用户
        while (true){
            // 创建接收 DatagramPacket 对象
            DatagramPacket dpRec = new DatagramPacket(bytes, bytes.length);
            // 接收数据
            dsRec.receive(dpRec);
            // 计算接收到的数据长度
            int length = dpRec.getLength();
            // 获取本机IP地址
            InetAddress address = InetAddress.getByName("ICE-MAC");
            // 将数据打包并循环遍历所有的接收端口，将数据转发
            // 获取集合中的所有键（端口号）
            Set<Integer> portSet = portMap.keySet();
            for (Integer port : portSet){
                // 将数据打包并转发
                dsSend.send(new DatagramPacket(bytes, length, address, port));
            }
            System.out.println(" 已经成功转发 -"+Thread.currentThread().
getName()+"- 发送的信息！ ~");
        }

        // 关闭
        // dsRec.close();
```

```
        // dsSend.close();
    }
}
```

案例源码：com.itlaoxie.chatroom.SendInputDmeo.java——发送线程的 Runnable 实现类。

```java
package com.itlaoxie.chatroom;

import java.io.BufferedReader;
import java.io.IOException;
import java.io.InputStreamReader;
import java.net.*;
import java.util.Scanner;

public class SendInputDmeo implements Runnable{
    @Override
    public void run() {
        try {
            // 创建Socket对象
            DatagramSocket ds = new DatagramSocket();

            // 自己封装一个输入流
            BufferedReader br = new BufferedReader(new InputStreamReader
(System.in));

            String line;
            while((line = br.readLine()) != null){
                if ("over".equals(line))
                    break;
                // 拼装发送的信息，将用户名以特殊分隔符的形式连接要发送的文字
                // 还可以连接当前系统的时间戳来记录信息转发的时间
                byte[] bytes = (Thread.currentThread().getName() +
"@#%%#@" + line).getBytes();

                // 将数据打包
                DatagramPacket dp = new DatagramPacket(bytes, bytes.length,
InetAddress.getByName("ICE-MAC"), 9527);
                // 通过发送Socket对象进行发送
                ds.send(dp);
            }
            // 关闭Socket对象
            ds.close();
        }catch (Exception e){
```

```
            e.printStackTrace();
        }
    }
}
```

案例源码：com.itlaoxie.chatroom.ReceiveInputDemo.java ——接收线程的 Runnable 实现类。

```java
package com.itlaoxie.chatroom;

import java.io.IOException;
import java.net.DatagramPacket;
import java.net.DatagramSocket;

public class ReceiveInputDemo implements Runnable{
    private Integer port;

    public ReceiveInputDemo(Integer port) {
        this.port = port;
    }

    @Override
    public void run() {
        try{
            // 创建接收 Socket 对象
            DatagramSocket ds = null;
            try {// 如果出现异常，则说明端口已被占用，也就是说，一定有用户登录了
                ds = new DatagramSocket(port);
            }catch (Exception e){// 捕获到异常了，输出重复登录的提示，并且退出程序
                System.err.println(" 用户已经登录，退出程序 ");
                System.exit(-1);
            }
            System.out.println(Thread.currentThread().getName() + " - 登录成功 ");
            while (true){
                // 定义数据接收缓冲区
                byte[] bytes = new byte[1024];
                // 使用 DatagramPacket 格式化接收的数据对象
                DatagramPacket dp = new DatagramPacket(bytes, bytes.length);
                // 通过接收 Socket 对象来调用接收方法
                ds.receive(dp);
                // 将接收到实际长度的数据存储到字符串 receiveStr 中
                String receiveStr = new String(dp.getData(), 0, dp.getLength());
                // 将接收的信息通过特殊分隔符拆分成数组
```

```
                String[] info = receiveStr.split("@#%%#@");
                // 如果用户输入了信息，则数组长度一定大于 1，因为默认有用户名在接收的信
                // 息中
                // 在拆分数组之后，用户名在第一个元素中，用户输入的信息在第二个元素中
                // 如果长度不大于 1，则说明用户没有输入任何信息，直接按的回车键 <Enter>,
                // 即数组中没有第二个元素，也就是下标为 1 的元素
                // 那么就将 mes 的值初始化为空字符串
                // 这样就避免了数组下标访问越界的问题
                String mes = info.length > 1 ? info[1] : "";
                // 判断接收到的信息是不是自己说的？如果是，就不输出；如果不是，就输出
                // 如果不是自己说的，并且不是空的字符串，就输出
                if (!Thread.currentThread().getName().equals(info[0]) &&
!mes.equals(""))
                    System.out.println(" 接收到 -" + info[0] + "- 说 > " + mes);
            }
        }catch (Exception e){
            e.printStackTrace();
        }
    }
}
```

案例源码：com.itlaoxie.chatroom.ChatRun.java ——聊天室客户端主程序。

```
package com.itlaoxie.chatroom;

import sun.awt.windows.ThemeReader;

import java.util.Scanner;
import java.util.Set;
import java.util.TreeMap;

public class ChatRun {
    public static void main(String[] args) throws InterruptedException {
        // 在主线程中同步内置用户
        // 内置一些端口和用户，定义该程序可以使用的端口
        // 使用有序的 Map 集合，在该集合中不会出现重复的值
        // 键用来存储端口号，值用来存储用户名
        // 也可以在其他位置设置一个全局的静态变量来存储这部分内容
        TreeMap<Integer, String> portMap = new TreeMap<>();
        portMap.put(20001, "IT 老邪 ");
        portMap.put(20002, "IT 小邪 ");
        portMap.put(20003, "IT 小肆 ");
```

```java
        // 选择用户进行登录
        System.out.println(" 用户列表如下： ");

        // 设置一个用于存储端口号的集合，由于客户端的端口号不能重复，否则会冲突，所以
        // 使用 Set 集合
        Set<Integer> portSet = portMap.keySet();

        // 初始化一个索引 index，默认初始值为 1
        int index = 1;
        for (Integer port : portSet){
            // 输出索引编号，并根据端口号获取用户名
            System.out.println(index++ + " : " + portMap.get(port));
        }

        // 让用户输入正确的用户编号来登录聊天室，如果输入错误，则请用户循环输入，直到输入
        // 正确为止
        do {
            System.out.println(" 请按照序号选择用户： ");
            index = new Scanner(System.in).nextInt();
        }while (index < 1 || index > 3);

        // 获取端口号
        Integer port = 20000 + index;
        // 获取用户名
        String userName = portMap.get(port);

        // 创建发送线程和接收线程
        Thread sendThread = new Thread(new SendInputDmeo(), userName);
        Thread receiveThread = new Thread(new ReceiveInputDemo(port), userName);

        Thread.currentThread().setName(userName + "- 主线程 ");

        // 启动发送线程和接收线程
        sendThread.start();
        receiveThread.start();
    }
}
```

注意： 测试聊天室程序和测试其他程序有所不同，因为我们需要启动多个主程序进行测试，只有这样才能测试出聊天室的效果，所以我们需要在 IDE 中做好相应的配置。由于 IDE 的版本较多，而且即使相同的 IDE，不同版本的设置也不同，所以具体的设置需要读者自行去网上搜索。例如，如果使用的是 JetBrains 公司出品的 IDEA，那么可以在搜索引擎中输入 "IDEA 启动多个 main"，具体操作不再赘述。

23.3 TCP 通信程序

23.3.1 TCP 通信原理

TCP 通信是一种可靠的网络协议，它在通信的两端各创建一个 Socket 对象，从而在通信的两端形成虚拟的网络连接。一旦建立了虚拟的网络连接，两端的程序就可以通过虚拟的网络连接进行通信了。

Java 对基于 TCP 的网络提供了良好的封装。Java 使用 Socket 对象代表两端的通信端口，通过 Socket 对象产生的 I/O 流来进行网络通信，客户端使用 Socket 类，而服务器端使用 ServerSocket 类。

23.3.2 使用 TCP 发送数据

发送数据的步骤：

（1）创建客户端的 Socket 对象（Socket）。

（2）获取输出流，写数据。

（3）释放资源。

```java
package com.itlaoxie.demo;

import java.io.IOException;
import java.io.OutputStream;
import java.net.InetAddress;
import java.net.Socket;
import java.net.UnknownHostException;

public class ClientDemo {
    public static void main(String[] args) throws IOException {
        // Socket socket = new Socket(InetAddress.getByName
        // ("192.168.1.6"), 9527);
        Socket socket = new Socket("192.168.1.6", 9527);

        OutputStream os = socket.getOutputStream();
        os.write("Hello network TCP!~".getBytes());

        socket.close();
    }
}
```

23.3.3　使用 TCP 接收数据

接收数据的步骤：

（1）创建服务器端的 Socket 对象（ServerSocket）。

（2）获取输入流，读取数据，处理数据。

（3）释放资源。

```java
package com.itlaoxie.demo;

import java.io.IOException;
import java.io.InputStream;
import java.net.ServerSocket;
import java.net.Socket;

public class ServerDemo {
    public static void main(String[] args) throws IOException {
        ServerSocket serverSocket = new ServerSocket(9527);

        Socket socket = serverSocket.accept();

        InputStream inputStream = socket.getInputStream();
        byte[] bytes = new byte[1024];
        int len = inputStream.read(bytes);

        String data = new String(bytes, 0, len);
        System.out.println("接收到: " + data);

        serverSocket.close();
        inputStream.close();
    }
}
```

23.3.4　案例

客户端发送数据，并接收服务器端的反馈信息。服务器端接收数据，并给出反馈信息。

案例源码：com.itlaoxie.demo.ClientDemo.java ——客户端发送数据。

```java
package com.itlaoxie.demo;

import java.io.IOException;
```

```java
import java.io.InputStream;
import java.io.OutputStream;
import java.net.InetAddress;
import java.net.Socket;
import java.net.UnknownHostException;

public class ClientDemo {
    public static void main(String[] args) throws IOException {
        // 实例化 TCP 通信用的 Socket 对象，我们可以使用不同的构造方法来实现
        // Socket socket = new Socket(InetAddress.getByName("192.168.1.6"), 9527);
        Socket socket = new Socket("192.168.1.6", 9527);

        // 通过 Socket 对象获取输出流
        OutputStream outputStream = socket.getOutputStream();

        // 当通过输出流写数据时，就是在使用 Socket 对象发送数据
        outputStream.write("Hello network TCP!~".getBytes());

        // 在数据发送完成之后，等待接收服务器端的反馈信息
        // 通过 Socket 对象获取输入流
        InputStream inputStream = socket.getInputStream();

        // 创建数据接收缓冲区
        byte[] bytes = new byte[1024];

        // 当从获取到的输入流中读取数据时，就是在使用 Socket 对象接收数据
        int len = inputStream.read(bytes);

        // 通过数据的实际长度实例化字符串对象
        String data = new String(bytes, 0, len);

        // 在客户端输出接收到的数据
        System.out.println("Client: " + data);

        // inputStream.close();
        // outputStream.close();
        socket.close();
    }
}
```

案例源码：com.itlaoxie.demo.ServerDemo.java ——服务器端接收数据，并给出反馈信息。

```java
package com.itlaoxie.demo;

import java.io.IOException;
import java.io.InputStream;
import java.io.OutputStream;
import java.net.ServerSocket;
import java.net.Socket;

public class ServerDemo {
    public static void main(String[] args) throws IOException {
        // 创建服务器端的 Socket 对象，用于接收数据。在实例化对象时需要通过构造方法设
        // 置端口号
        ServerSocket serverSocket = new ServerSocket(9527);

        // 通过服务器端的 Socket 对象获取用于数据收发的 Socket 对象
        Socket socket = serverSocket.accept();

        // 通过 Socket 对象获取输入流，用于接收数据
        InputStream inputStream = socket.getInputStream();
        // 创建数据缓冲区
        byte[] bytes = new byte[1024];
        // 当从获取到的输入流中读取数据时，就是在使用 Socket 对象接收数据
        int len = inputStream.read(bytes);

        // 通过数据的实际长度实例化字符串对象
        String data = new String(bytes, 0, len);
        System.out.println("Server: " + data);

        // 给出反馈信息
        // 通过 Socket 对象获取输出流，用于发送数据（给出反馈信息）
        OutputStream outputStream = socket.getOutputStream();
        // 向输出流中写入数据，发送反馈信息
        outputStream.write(" 服务器端已收到数据 ".getBytes());

        // 关闭 Socket 对象
        serverSocket.close();
    }
}
```

客户端：发送键盘输入的内容，直到 "over"，结束发送。

服务器端：接收数据并在控制台输出。

既然在 TCP 通信中我们使用的是 I/O 流，那么就可以直接封装 I/O 来进行收发操作。

案例源码：com.itlaoxie.demo.ClientDemo.java——客户端发送键盘输入的内容，直到"over"，结束发送。

```java
package com.itlaoxie.demo;

import java.io.*;
import java.net.InetAddress;
import java.net.Socket;
import java.net.UnknownHostException;

public class ClientDemo {
    public static void main(String[] args) throws IOException {
    // Socket socket = new Socket(InetAddress.getByName("192.168.1.6"), 9527);
        // 创建客户端 Socket 对象
        Socket socket = new Socket("192.168.1.6", 9527);

        // 封装输入流对象
        BufferedReader br = new BufferedReader(new InputStreamReader
(System.in));
        // 封装输出流对象，将字节流封装成字符流，并使用字符流缓冲区
        BufferedWriter bw = new BufferedWriter(new OutputStreamWriter
(socket.getOutputStream()));

        String line;
        while ((line = br.readLine()) != null){
            if ("over".equals(line))
                break;

            // 获取输出流对象
            // OutputStream os = socket.getOutputStream();
            // os.write(line.getBytes());

            bw.write(line);          // 写入一行数据
            bw.newLine();            // 根据不同的系统平台写入一个换行符
            bw.flush();      // 刷新流
            // 每次都向流中写入一行数据
        }

        // 关闭 Socket 对象
        socket.close();
    }
}
```

案例源码：com.itlaoxie.demo.ServerDemo.java—— 接收数据并输出到控制台。

```java
package com.itlaoxie.demo;

import java.io.*;
import java.net.ServerSocket;
import java.net.Socket;

public class ServerDemo {
    public static void main(String[] args) throws IOException {
        ServerSocket serverSocket = new ServerSocket(9527);

        Socket socket = serverSocket.accept();

        // 获得输入的字节流
        // InputStream inputStream = socket.getInputStream();
        // 将字节流转换为字符流
        // InputStreamReader inputStreamReader = new InputStreamReader
        // (inputStream);
        // 使用字符流缓冲区
        // BufferedReader bufferedReader = new BufferedReader (inputStreamReader);

        // 这一行代码等价于上面的三行代码
        BufferedReader bufferedReader = new BufferedReader(new InputStreamReader
(socket.getInputStream()));

        String line;
        // 利用循环去读取数据，直到读不到数据为止
        while ((line = bufferedReader.readLine()) != null){
            // 每读取一行数据就输出一行数据
            System.out.println(line);
        }

        // inputStream.close();
        serverSocket.close();
    }
}
```

服务器端将接收到的数据写入文件。

```java
package com.itlaoxie.demo;

import java.io.*;
import java.net.ServerSocket;
import java.net.Socket;
```

```java
public class ServerDemo {
    public static void main(String[] args) throws IOException {
        ServerSocket serverSocket = new ServerSocket(9527);
        Socket socket = serverSocket.accept();


        BufferedReader bufferedReader = new BufferedReader(new
InputStreamReader (socket.getInputStream()));
        // 创建字符流缓冲区，输出对象
        BufferedWriter bufferedWriter = new BufferedWriter(new
FileWriter ("./tcp.txt"));


        String line;
        while ((line = bufferedReader.readLine()) != null){
            bufferedWriter.write(line);
            bufferedWriter.newLine();
            bufferedWriter.flush();
        }

        bufferedWriter.close();
        serverSocket.close();
    }
}
```

客户端发送的数据来自文件。

```java
package com.itlaoxie.demo;

import java.io.*;
import java.net.InetAddress;
import java.net.Socket;
import java.net.UnknownHostException;

public class ClientDemo {
    public static void main(String[] args) throws IOException {
        // 创建客户端 Socket 对象
        Socket socket = new Socket("192.168.1.6", 9527);

        // 封装文本文件数据对象
        BufferedReader bufferedReader = new BufferedReader(new FileReader
("./main.c"));
        BufferedWriter bufferedWriter = new BufferedWriter(new
OutputStreamWriter(socket.getOutputStream()));
```

```
        String line;
        while ((line = bufferedReader.readLine()) != null){
            bufferedWriter.write(line);
            bufferedWriter.newLine();
            bufferedWriter.flush();
        }

        bufferedWriter.close();
        socket.close();
    }
}
```

在文件上传成功后给予反馈。

案例源码：com.itlaoxie.demo.ClientDemo.java——客户端向服务器端上传文件。

```
package com.itlaoxie.demo;

import java.io.*;
import java.net.InetAddress;
import java.net.Socket;
import java.net.UnknownHostException;

public class ClientDemo {
    public static void main(String[] args) throws IOException {
        // 创建客户端Socket对象
        Socket socket = new Socket("192.168.1.6", 9527);

        // 封装文本文件数据对象
        BufferedReader bufferedReader = new BufferedReader(new FileReader
("./main.c"));
        BufferedWriter bufferedWriter = new BufferedWriter(new
OutputStreamWriter (socket.getOutputStream()));

        String line;
        while ((line = bufferedReader.readLine()) != null){
            bufferedWriter.write(line);
            bufferedWriter.newLine();
            bufferedWriter.flush();
        }

        // 定义结束标识
        // bufferedWriter.write("over");
        // bufferedWriter.newLine();
```

```
        // bufferedWriter.flush();

        // 告诉服务器端数据已经发完了，类似于上面注释掉的三行代码，如果不告诉 Socket 发送
        // 结束，那么服务器将一直等待数据
        socket.shutdownOutput();

        // 接收反馈信息
        BufferedReader brClient = new BufferedReader(new InputStreamReader
(socket.getInputStream()));
        String data = brClient.readLine();
        System.out.println(" 来自服务器端的反馈: " + data);

        bufferedWriter.close();
        socket.close();
    }
}
```

案例源码：com.itlaoxie.demo.ServerDemo.java。

```java
package com.itlaoxie.demo;

import java.io.*;
import java.net.ServerSocket;
import java.net.Socket;

public class ServerDemo {
    public static void main(String[] args) throws IOException {
        ServerSocket serverSocket = new ServerSocket(9527);

        Socket socket = serverSocket.accept();


        BufferedReader bufferedReader = new BufferedReader(new
InputStreamReader(socket.getInputStream()));
        // 创建字符流缓冲区，输出对象
        BufferedWriter bufferedWriter = new BufferedWriter(new FileWriter
("./tcp.txt"));


        String line;
        while ((line = bufferedReader.readLine()) != null){
            // 如果客户端使用的是 "over" 作为结束标记
            // 那么就需要使用条件判断是否结束接收数据，这样代码才会跳出死循环，向下继续
            // 运行
```

```
        // 但是我们很难保证在发送的数据当中没有第二个 "over"，或者第三个 "over"
        // 也就是说，只要碰到了 "over" 就会停止接收，但是如果后面依然存在有效数据，
        // 就会造成数据的丢失
        // 这样很明显不符合我们对于数据准确性与安全性的要求。所以我们不采用这样的方式
        // 我们需要在发送端使用 socket.shutdownOutput() 来告知接收端数据发送完毕
        // 这样 socket 就会自动接收到结束的消息，帮我们停止接收，程序也会自动向下运行了

        // 在代码中我们注释掉了反馈中应用的条件、判断结束标记和不推荐使用的方法
        // 放在这里，是为了帮助读者明白其中的原理
        // if ("over".equals(line))
        //     break;

        bufferedWriter.write(line);
        bufferedWriter.newLine();
        bufferedWriter.flush();
    }

    // 给出反馈信息
    BufferedWriter bwServer = new BufferedWriter(new OutputStreamWriter
(socket.getOutputStream()));
    bwServer.write(" 文件上传成功 ");
    bwServer.newLine();
    bwServer.flush();

    // 关闭 Socket 对象
    bwServer.close();
    bufferedWriter.close();
    serverSocket.close();
    }
}
```

第 24 章

/

Java 中的枚举类型

24.1　枚举类型的概述

关键字：enum。

可以把枚举类型理解成一个自定义的常量的序列。

> **注**：更多的理论性的文字描述请读者自行去网上搜索。

24.2　语法结构

24.2.1　基本语法结构示例

```java
public enum Direction {
    // 枚举列表
    UP,DOWN,LEFT,RIGHT;
    //====================
    // 构造方法
    // ...
    //====================
    // 成员变量
    // ...
    //====================
    // 成员方法
    // ...
```

```java
}

//=========================================

public class DemoTest {
    public static void main(String[] args) {
        System.out.println(Direction.UP);
        System.out.println(Direction.DOWN);
        System.out.println(Direction.LEFT);
        System.out.println(Direction.RIGHT);
    }
}
```

24.2.2　完整语法结构示例

案例源码：com.itlaoxie.demo.Direction.java。

```java
package com.itlaoxie.demo;

/**
 * @ClassName Direction
 * @Description: TODO 枚举方向类型
 */
public enum Direction {
    // 枚举列表
    UP(" 方向上 ", "w"),
    DOWN(" 方向下 ", "s"),
    LEFT(" 方向左 ", "a"),
    RIGHT(" 方向右 ", "d");

    //======================

    // 构造方法
    Direction() {
    }

    Direction(String dirInfo, String data) {
        DirInfo = dirInfo;
        this.data = data;
    }

    // ...
```

```
//=====================
// 成员变量
private String DirInfo;
private String data;

//=====================
// 成员方法
public String getDirInfo() {
    return DirInfo;
}

public void setDirInfo(String dirInfo) {
    DirInfo = dirInfo;
}

public String getData() {
    return data;
}

public void setData(String data) {
    this.data = data;
}
}
```

案例源码：com.itlaoxie.demo.DemoTest.java。

```
package com.itlaoxie.demo;

/**
 * @ClassName DemoTest
 * @Description: TODO 枚举测试类
 */
public class DemoTest {
    public static void main(String[] args) {
        System.out.println(Direction.UP);
        System.out.println(Direction.DOWN);
        System.out.println(Direction.LEFT);
        System.out.println(Direction.RIGHT);

        System.out.println("==========================");

        System.out.println(
            Direction.UP + " -> " +
            Direction.UP.getDirInfo() + " : " +
```

```
            Direction.UP.getData()
        );
        System.out.println(
            Direction.DOWN + " -> " +
            Direction.DOWN.getDirInfo() + " : " +
            Direction.DOWN.getData()
        );
        System.out.println(
            Direction.LEFT + " -> " +
            Direction.LEFT.getDirInfo() + " : " +
            Direction.LEFT.getData()
        );
        System.out.println(
            Direction.RIGHT + " -> " +
            Direction.RIGHT.getDirInfo() + " : " +
            Direction.RIGHT.getData()
        );
    }
}
```

24.2.3 枚举的 set 方法与 get 方法

```java
package com.itlaoxie.demo;

/**
 * @ClassName DemoTest
 * @Description: TODO 枚举的 set 方法与 get 方法
 */
public class DemoTest {
    public static void main(String[] args) {
        // 通过 set 方法赋值
        // ===============================
        Direction.UP.setDirInfo("上上上");
        Direction.DOWN.setDirInfo("下下下");
        Direction.LEFT.setDirInfo("左左左");
        Direction.RIGHT.setDirInfo("右右右");

        // 通过 get 方法取值
        // ===================================);
        System.out.println(Direction.UP.getDirInfo());
        System.out.println(Direction.DOWN.getDirInfo());
        System.out.println(Direction.LEFT.getDirInfo());
        System.out.println(Direction.RIGHT.getDirInfo());
```

```
        }
}
```

24.2.4　枚举的常用方法

```java
package com.itlaoxie.demo;

/**
 * @ClassName DemoTest
 * @Description: TODO 枚举的常用方法
 */
public class DemoTest {
    public static void main(String[] args) {
        System.out.println(" 输出枚举成员名 : " + Direction.UP);
        System.out.println(" 获取枚举成员名 : " + Direction.UP.name());
        System.out.println(" 获取枚举编号 : " + Direction.UP.ordinal());

        System.out.println("======================================");
        Direction direction = Direction.valueOf("UP");// 获取枚举中的指定成员
        System.out.println(direction.getDirInfo() + " : " + direction.getData());

        System.out.println("======================================");
        Direction[] values = Direction.values();// 获取枚举中的所有成员
        for (Direction value : values) {
            System.out.println(value + " -> " + value.getDirInfo() + " : "
+ value.getData());
        }
    }
}
```

24.3　应用场景

通过键盘输入 w/a/s/d，分别代表上、下、左、右，通过程序，让代码帮你做任何你想做的事情。

```java
package com.itlaoxie.demo;

import java.util.Scanner;

/**
```

```java
 * @ClassName DemoTest
 * @Description: TODO
 */
public class DemoTest {
    public static void main(String[] args) {
        while (true){

            Direction direction = null;
            // 根据操作为枚举对象赋值
            switch (new Scanner(System.in).next()) {
                case "w":
                    direction = Direction.UP;
                    break;
                case "a":
                    direction = Direction.LEFT;
                    break;
                case "s":
                    direction = Direction.DOWN;
                    break;
                case "d":
                    direction = Direction.RIGHT;
                    break;
            }

            // 可以根据枚举对象的值来访问 switch
            switch (direction) {
                case UP:
                    System.out.println(
                        Direction.UP + " -> " +
                        Direction.UP.getDirInfo() + " : " +
                        Direction.UP.getData()
                    );
                    break;
                case LEFT:
                    System.out.println(
                        Direction.LEFT + " -> " +
                        Direction.LEFT.getDirInfo() + " : " +
                        Direction.LEFT.getData()
                    );
                    break;
                case DOWN:
                    System.out.println(
                        Direction.DOWN + " -> " +
                        Direction.DOWN.getDirInfo() + " : " +
                        Direction.DOWN.getData()
```

```
        );
        break;
case RIGHT:
    System.out.println(
        Direction.RIGHT + " -> " +
        Direction.RIGHT.getDirInfo() + " : " +
        Direction.RIGHT.getData()
    );
    break;
    }
  }
 }
}
```

24.4 注意事项

关于 Java 中的枚举，注意事项如下：

- 自定义的枚举类不可以继承其他类，因为它已经继承了 Enum 类。

- 枚举类可以实现其他接口，因为在 Java 中允许实现多个接口。

反侵权盗版声明

  电子工业出版社依法对本作品享有专有出版权。任何未经权利人书面许可,复制、销售或通过信息网络传播本作品的行为;歪曲、篡改、剽窃本作品的行为,均违反《中华人民共和国著作权法》,其行为人应承担相应的民事责任和行政责任,构成犯罪的,将被依法追究刑事责任。

  为了维护市场秩序,保护权利人的合法权益,我社将依法查处和打击侵权盗版的单位和个人。欢迎社会各界人士积极举报侵权盗版行为,本社将奖励举报有功人员,并保证举报人的信息不被泄露。

举报电话:(010)88254396;(010)88258888

传　　真:(010)88254397

E - mail:dbqq@phei.com.cn

通信地址:北京市万寿路 173 信箱

     电子工业出版社总编办公室

邮　　编:100036